KB268811

나는 좋은 엄마이고 싶다

나는 좋은 엄마이고 싶다

초판 1쇄 발행 2015년 2월 13일　초판 2쇄 발행 2015년 3월 31일

지은이 이슬인
펴낸이 연준혁

출판 1분사
책임편집 최혜진
제작 이재승

펴낸곳 (주)위즈덤하우스 **출판등록** 2000년 5월 23일 제13-1071호
주소 경기도 고양시 일산동구 정발산로 43-20 센트럴프라자 6층
전화 031)936-4000 **팩스** 031)903-3893 **홈페이지** www.wisdomhouse.co.kr
종이 월드페이퍼 **인쇄 · 제본** (주)현문 **후가공** 이지앤비

값 13,000원　ⓒ이슬인, 2015
ISBN 979-11-86117-03-3 13590

* 잘못된 책은 바꿔드립니다.
* 이 책의 전부 또는 일부 내용을 재사용하려면
　사전에 저작권자와 (주)위즈덤하우스의 동의를 받아야 합니다

국립중앙도서관 출판시도서목록(CIP)

나는 좋은 엄마이고 싶다 / 지은이: 이슬인. -- 고양 : 위
즈덤하우스, 2015
p. ; cm

ISBN 979-11-86117-03-3 13590 : ₩13000

육아[育兒]
자녀 양육[子女養育]

598.1-KDC6
649.1-DDC23　　　　　CIP2015002350

나는 좋은
엄마이고 싶다

이슬인 지음

엄마라는 말에는 친근감뿐만 아니라
'나 좀 돌봐줘'라는 호소가 배어 있다.
혼만 내지 말고 머리를 쓰다듬어줘.
옳고 그름을 떠나 내 편이 되어줘, 라는…
- 신경숙

엄마가 된 순간,
누구나 황무지 위에 서 있게 된다

'감정노동자'라는 말이 있습니다. 최고(最苦)의 감정노동자는 비행기 승무원이라는 통계가 언론에 나온 적도 있더군요. 하지만 제가 생각하는 최고의 감정노동자는 엄마입니다. 평생 무보수 서비스업에 스물네 시간 출동 대기 중인 엄마라는 이름의 노동자들.

엄마들의 어깨엔 수많은 역할이 주렁주렁 매달려 있습니다. 산더미 같은 집안일을 해내는 가사도우미, 남편과 아이들의 식단을 책임지는 요리사, 아이들을 학교나 학원으로 실어 나르는 운전기사, 가정경제를 책임지는 금융 전문가, 온갖 집안 대소사를 챙기는 유능한 비서, 연로한 부모님을 보살피는 요양보호사, 그리고 가장 중요한 역할인 아이들의 양육과 교육을 책임지는 교육 컨설턴트까지…

그렇게 많은 역할을 혼자 도맡아 하고 있는데도 엄마의 노동 가치를 돈으로 환산해 마땅한 값을 치러주는 남편이나 자식들은 많지 않습니다. 돈은

커녕 진심으로 고마운 마음을 보여주지도 않습니다. 심지어 돈을 최고의 가치로 여기는 현대 물질사회는 전업주부를 남편이 벌어다주는 돈으로 마음 편하게 사는 존재로까지 인식하기도 합니다. 그래서 엄마들은 자괴감과 낮은 자존감 때문에 깊은 우울증을 앓기도 합니다. 어디에다 대고 가슴에 쌓인 울분과 억울함을 호소할 수도 없습니다. 왜냐하면 그들에게 쏠리는 사회적 편견이 너무 완고하기 때문입니다.

이렇게 상처 입은 엄마들은 행복하지 않습니다. 행복한 척할 뿐입니다. 엄마는 일터와 학교에서 돌아오는 가족들에게 애써 온화한 미소를 지어 보일 때가 많습니다. 힘들게 일하고, 또 공부하고 돌아온 가족들에게 나 힘든 건 내색조차 해선 안 된다고 스스로를 다잡는 미소입니다.

아이 키우기 힘든 현실이 많은 사람을 전업주부로 살아가게 합니다. 그들 가운데 대다수는 대학을 졸업한 고학력자이고 직업을 가지고 열심히 활동하던 사람들이었습니다. 그런 사람들이 아이가 생긴 뒤 일과 육아 사이에서 갈등하다 과감히 혹은 마지못해, 일을 접고 아이를 돌보기 위해 전업주부로 나선 것입니다. 사랑하는 가족, 내 분신인 아이에게 행복한 환경을 마련해주고, 아이의 눈을 들여다보며 아이의 마음을 알아주고, 아이와 함께 몸 부딪치며 놀아주고, 아이에게 좋은 책을 많이 읽어주고, 아이에게 엄마표 요리를 해주며 행복하게 살고 싶어 주부로서의 삶을 선택한 것입니다.

그렇게 시작한 첫 마음이 피라미드식 입시 구조 속에서, 치열한 경쟁 속에서, 쏟아지는 정보의 홍수 속에서 갈팡질팡 헤매게 되고 자식을 명문대에 보내야만 내 존재 가치를 드러낼 수 있다는 강박관념에까지 이르러, 어느새 아이를 성적만으로 다그치는 무서운 엄마가 되고 만 것입니다.

가끔은, 정말 가끔은, 그렇게 변해가는 자신이 스스로도 너무 싫고 무서워 가슴을 치며 울기도 하지만 그런 반성과 자책은 머릿속에서만 맴돌 뿐 입술은 여전히 아이에게 상처 주는 말만 뱉어내고, 두 손은 단호하게 아이를 밀쳐내기만 합니다. 한번 올라탄 사교육의 롤러코스터는 멈춤을 허락하지 않습니다. 아이가 지쳐 나가떨어지는데도 내려설 수가 없습니다. 왜냐하면 한번 내려서면 영원히 패배자가 되고 말 것이라며 온갖 정보지들이 엄마들의 뇌를 세뇌시키기 때문입니다.

엄마는 불안한 세상의 방패막이가 되어 아이를 보호해주고 싶습니다. 그것이 사랑이라 여기며 아이에게 말합니다.

"넌 공부만 해. 나머진 엄마가 다 해줄게."

그렇게 자신의 모든 것을 바쳐 희생을 자처하지만 아이는 엄마 뜻대로 되지 않습니다. 자꾸만 산으로 가려 합니다. 엄마는 쏟아 붓는 돈에 비해 형편없는 아이의 성적에 미칠 지경이 됩니다. 그 길이 아니면 다른 방법을 찾아봐야 하는데도 한번 뛰어든 길에서 절대 물러설 수가 없습니다.

"엄마, 힘들어. 엄마, 제발 나 좀 봐줘!"

아이가 아무리 비명을 지르며 간절히 손을 내밀어도 엄마는 귀 막고 눈 가리고 아이를 외면해버립니다. "다 너를 위해 이러는 거야"라는 말로 자신의 욕심을 합리화하며 아픈 아이의 등을 떠밀어 학원으로 보냅니다.

이 글을 쓰기 전에 모 방송사에서 방영한 교육 프로그램을 본 적이 있습니다. 영상에서는 게임에 빠진 사춘기 남자아이가 게임을 말리는 아빠를 '너'라고 지칭하며 자신이 게임에 빠진 건 다 성적에 연연하는 너(아빠) 때문이라고 격렬히 싸우다 집을 나가버리는 장면을 보여주었습니다. 그리고 이어진 화면에서는 고등학생 아들 앞에서 죄인처럼 고개를 떨군 채 앉아 있는 어느 엄마의 모습이 비쳐졌습니다. 그 아들은 엄마를 사채업자 같다며 몰아세웠습니다. 사채업자들은 그나마 며칠의 말미라도 주는데 엄마는 물 샐 틈 없는 통제 속에서 일 분 일 초, 자신을 감시하며 잔소리를 해대니 사채업자보다 더 지독하다는 것이었습니다.

영상은 계속되었습니다. 화면 속에서 아이들이 죽어갔습니다. 실제 사건을 재구성한 화면이었지만 떨리는 마음을 금할 수가 없었습니다. 가여운 아이들… 저 아이들은 스스로 목숨을 끊기 위해 계단을 오를 때 과연 어떤 심정이었을까요. 아이는 얼마나 두렵고 떨리는 마음으로 한 계단 한 계단 밟아 올라갔을까요. 얼마나 뒤돌아 도망치고 싶었을까요…

'부모님이 저를 사랑한다는 것 잘 알고 있습니다. 하지만 저는 부모님을 사랑하지 않았나봅니다. 죄송합니다. 이 문자가 도착할 때면 저는 여기에 없을 것입니다…'

모든 것을 희생하며 아이를 길렀지만 돌아온 것은 처참한 결과뿐… 망연

자실 앉아 있는 부모들을 보며 마음이 아렸습니다. 피어보지도 못한 채 스스로 죽음을 택한 아이들을 생각하며 눈물을 참을 수가 없었습니다.

아이들은 무엇과도 바꿀 수 없는 귀한 보물들입니다. 꽃처럼 예쁘고 향기로운 존재들입니다. 아이들은 깨끗한 환경에서 마음껏 뛰어놀며 자라나야 합니다. 놀이터에서 친구들과 함께 재미나게 모래놀이를 하며 신나게 술래잡기도 해야 합니다. 둥둥 떠가는 구름을 바라보며 오색 빛깔 무지개를 쫓고, 엄마와 함께 둥글둥글 책을 읽으며 내 맘대로 그림을 그릴 여유도 누려야 합니다. 아이들에겐 부모의 무조건적인 사랑과 애정 속에서 자유롭고 행복하게 자라날 권리가 있습니다.

물질적인 뒷받침이 전부라 믿고 일만 하느라 아이의 마음을 알아주지 못했던 것, 내가 인생을 더 잘 안다며 아이의 미래를 마음대로 설계했던 것, 공부가 전부라며 아이에게 맞지 않는 옷을 입혀 억지로 학원으로만 내몰았던 것, 실패하고 넘어져서 울고 있는 아이에게 너는 내 자식이 아니라며 화내고 차갑게 등 돌려버렸던 것, 호기심에 반짝이는 아이의 눈과 입을 귀찮다 막아버린 것… 그런 것들을 기억해내며 아이에게 다시는 똑같은 상처를 주지 않도록 마음을 다잡아야 합니다. 욕심내지 말고 서두르지 말고, 아이를 귀하고 소중하다 여기며 부모의 삶을 잘 살아내야 합니다. 부모가 그렇게 살아갈 때 아이도 부모를 거울삼아 그렇게 자라나는 것입니다.

이 글은 누구를 비난하기 위해 쓴 것이 아닙니다. 제 아이들의 입시 결과를 자랑하려는 것도 아닙니다. 그저 늘 아이들 입장에서 아이들 마음을 헤아려주려 노력했던 경험을 좀 더 많은 사람들과 나누기 위해서 쓴 것입니다.

저 역시 대한민국의 평범한 전업주부입니다. 오다가다 만날 수 있는 엄마들 중 한 명입니다. 저 또한 이 땅의 교육 현실에 분노하기도 하고 마음 아파하기도 하면서, 두 아들을 기도하는 마음으로 양육했습니다. 다만 조금 다른 점이 있다면 독서의 힘을 믿으며 아이들과 더불어 항상 책과 생활해온 것 정도입니다. 저는 세상에 휩쓸리지 않고 제 나름대로 아이들을 양육하고자 귀 막고 눈 감은 채 20여 년을 보냈습니다. 그 결과, 아이들은 스스로 공부하고 제 뜻을 펼쳐나갈 수 있는 주도적인 사람이 되었고, 소위 말하는 명문대에 합격해 부러움을 사기도 했습니다. 필요할 때면 사교육의 도움을 받기도 했지만 적어도 아이들에게 책을 읽고, 충분히 잠자고, 몸을 움직여 놀 수 있는 시간을 만들어주려고 부단히 노력했습니다.

제 글은 단기간의 기록이 아닙니다. 두 아들을 키우며 지켜봐왔던 오랜 시간의 결과물입니다. 그렇기에 지금 당장의 어떤 효과를 기대하는 부모들에게는 맞지 않을 수도 있습니다. 그리고 제 양육 방식이 정답도 아닙니다. 제 글을 통해 조금이라도 엄마들의 불안한 마음을 잠재울 수 있다면, 그래서 아이들이 이 땅에서 웃으며 자라날 수 있다면 그것만으로도 제 소망은 이루어진 것입니다.

2015년 2월
이슬인

차례

1장

아이는 행복한 엄마의
꿈을 보고 자란다

엄마라는 말에는
호소가 배어 있다

엄마라는 말에는 친근감뿐만 아니라 '나 좀 돌봐줘'라는 호소가 배어 있다고 어느 작가는 말했다. 혼만 내지 말고 내 머리를 쓰다듬어줘, 옳고 그름을 떠나 내 편이 되어줘, 라는 의미가 들어 있다고. 그 말이 마음을 두드린다. 과연 내 아이에게 나는 어떤 엄마였을까.

'엄마'라는 단어를 천천히 발음해보면 입속에서부터 아련한 울림이 퍼져나와 마음 한켠이 저려오는 듯한 느낌을 받는다. 그러다 결국 눈가에 눈물이 배어나고 만다. 엄마는 그런 것이다. 공기처럼 물처럼 우리를 채워주는 존재이면서도 한편으로는 애잔하고 서러운 이름.

시대가 달라져 자식을 버리는 엄마들도 많아졌다지만 모정은 가히 맹목적이다. 열 달 동안 몸 안에 끌어안고 견뎌냈던 내 아이가 힘들어하는데 섶이라도 지고 불속에 대신 뛰어들고, 연자 맷돌이라도 지고 물속에 뛰어들지 않을 어미가 어디 있겠는가.

엄마와 자식 간에는 과학으로도 증명할 수 없는 영혼의 교감이 흐른다. 사람만 그런 것이 아니다. 생명이 있는 존재들은 다 그렇다. 심장박동기를 매단 어미 자라를 수면 위에 두고 물속 깊은 곳에서 새끼 자라를 죽이는 실험을 하니, 어미 자라의 심장이 격렬하게 뛰는 것을 관찰할 수 있었다고 한다. 미물도 그러한데 엄마와 자식 간에야 오죽할까.

엄마라는 말에는 친근감뿐만 아니라 '나 좀 돌봐줘'라는 호소가 배어 있다고 어느 작가는 말했다. 혼만 내지 말고 내 머리를 쓰다듬어줘, 옳고 그름을 떠나 내 편이 되어줘, 라는 의미가 들어 있다고. 그 말이 마음을 두드린다. 과연 나는 내 아이에게 어떤 엄마였을까. 아이의 손을 잡아주고 볼을 쓰다듬어주고 등을 두드려주는 따스하고 친근한 엄마였나, 아니면 늘 아이들을 감시하고 공부를 강요하고 행복은 성적순이라며 몰아세우는 엄마였나.

많은 엄마들이 마음으로는 눈물을 흘리고 안쓰러워하면서도 아이 앞에서는 강한 척 감정을 숨기고 산다. 표현할 줄 모르는 사랑은 사랑이 아니라는데, 엄마들은 마음을 표현하길 어려워한다. 나 역시 그랬다.

아이가 어렸을 때는 물고 빨고 했지만 사춘기 무렵 게임으로 인해 갈등을 겪고 나서부터는 내 마음을 드러내기가 어려웠다. 자식과의 싸움이야 칼로 물 벤 듯 유야무야 잊혔지만, 그렇다고 예전처럼 다시 볼을 쓰다듬어주고 손을 어루만져주고 하는 것은 쑥스러운 일이 되고 말았다. 물론 전봇대처럼 쑥 자라버린 아이가 어렵게 느껴진 탓도 있겠지만.

다 큰 아이한테 어떤 방식으로 애정을 표현해야 할지 고민만 하다가 시간이 흘러버렸다. 그러다 보니 너무 데면데면해진 듯해 은근히 걱정이 됐다. 사랑을 받아본 사람이 사랑도 할 줄 안다는데 이다음에 아들이 나처럼 감정을 숨기고 표현하지 못하면 어쩌나 하는 생각에 내가 먼저 다가서기로 했다. 엄마답게 다정한 시선으로 아들의 얼굴을 들여다보고 안아주고 등도 두드려주고 손도 쓰다듬어줬다. 처음엔 어색해하던 아이가 엄마 말투가 다정스레 변하자 제 말투도 다정스러워졌다. 매사에 까칠하고 한 마디 하면 두 마디로 받아치던 아이가 엄마가 먼저 마음을 여니 얼굴이 환해졌다. 그런 아이를 보니 '모든 것은 제 하기 나름이다'라는 말이 새삼스레 와닿았다.

어려서는 순하던 아이들도 사춘기가 되면 성격이 바뀌는 경우가 많다. 학업과 여러 가지 스트레스로 인해 요즘 아이들은 너무 힘들다. 그래서 가장 가까운 엄마한테 하소연하기도 하고 대들기도 하는 것인데, 엄마들이 그런 아이들의 마음을 제대로 받아주지 못해 종종 아이와 원수처럼 사이가 멀어지고 만다. 멀어진 둘 사이에 오가는 말은 그야말로 저주에 가깝다. 해야 할 말과 해선 안 될 말을 구분조차 못한 채 아이나 엄마의 가슴은 칼보다 날카로운 혀의 비수에 갈가리 찢긴다. 시간이 지나면 다 잊히겠지 하며 스스로를 위로해보지만 한 번 입은 상처는 쉽게 아물지 않는다.

돌이켜 보면 아이를 품안에 두고 키울 때 행복했던 순간이 참 많았던 것 같다. 그런데 아이와 다투다 보면 행복하고 기뻤던 순간은 다 잊어버린 채 어른답지 못한 험한 행동과 말을 툭툭 내뱉게 된다. 그럴 때마다 스스로 화를 다스리지 못한 것에 자괴감이 들고 아이 보기가 부끄러워진다. 그 많던 기쁨의 순간은 까맣게 잊은 채 아이의 단점들만 지적해내고 아이의 상처만 헤집어 아픔으로 울게 했던 나날이 얼마나 많았던가. 엄마의 말에 상처 받고 우는 아이에게 차갑게 등 돌리던 못난 모습들이 스치고 지나간다. 아이

는 그런 엄마의 뒷모습에 대고 호소하고 있었을지도 모른다. 혼만 내지 말고 내 머리를 쓰다듬어줘, 라고.

아이 때문에 마음이 심란할 때는 옛 사진들을 꺼내 들여다보는 것도 한 방법이다. 부정적인 감정은 어떻게든 누그러뜨린 뒤에 아이들과 마주하는 것이 좋다. 아이의 어릴 적 사진을 보고 있으면 현재의 힘든 상황이 별 것 아닌 것처럼 느껴지고 입가에 미소가 어린다. 내 아이들이 다시 보이기 시작하고 서먹서먹해진 아이들에게 먼저 손 내밀 수 있는 용기가 생긴다. 앨범을 거실에 놓아두거나 사진을 여기저기 벽에 붙여놓고 어릴 적 추억을 함께 얘기하다 보면 화기애애한 분위기를 되찾을 수도 있다.

행복한 추억들이 모여 오늘의 고난을 이길 힘을 준다. 일상에 지치고 낙망해 까맣게 잊고 있던 기쁨의 순간들을 하나하나 불러내보자.

태줄에 매달려 있던 강낭콩보다 작았던 아이
어느 날 주먹만 하게, 손바닥만 하게 자라더니
두근두근 심장 소리가 천둥소리처럼 크게 울리던 아이
서른 시간 죽을 듯이 엄마를 아프게 하다가
겨우 얼굴 보이고 으앙! 첫 울음을 터뜨리던 아이
가슴 저미던 그 탄생의 순간…

쪼글쪼글 주름 잡힌, 사진 속 발바닥

앙증맞은 두 주먹 꼬옥 쥔 채 젖 찾아 오물거리던 작은 입술

젖가슴에 매달려 엄마 얼굴 빤히 바라보던 순진무구한 눈빛

보드라운 엉덩이가, 발꿈치가 너무 예뻐 입술에 가만히 대보던 기억

황달 걸린 아이가 사흘 동안 병원에 입원했을 때 흘리던 눈물

살 헤집는 주삿바늘에 아파하던 아이를

외면한 채 돌아서야 했던 가슴 저림…

아이의 똥조차 신기하고 예뻐서 들여다보던 부모 마음

외계어 같은 옹알이를 하다 엄마, 아빠를 말하고

엄마 품으로 아장아장 걸어와 안기던 그 환희!

혼자 밥 먹고, 혼자 옷을 입고, 혼자 이를 닦더니

노란 모자 쓰고 빠이빠이 손 흔들며 유치원 버스에 오르고

혼자 운동화 끈 묶고, 혼자 두 발 자전거를 타더니

초등학생이 되고 다시 중학생이 되어

몇 단 접어 올린 커다란 교복 입고 입학식 하던 날

그 모습이 대견해, 수많은 아이들 틈에서도 내 아이만 보이던 날

그런 가슴 먹먹했던 날들도 있었음을 기억해내자

이제 엄마보다 훨씬 커버린 아이들

혼자 달걀 부쳐 먹고 혼자 라면 끓여 먹고

변성기에 잠긴 목소리, 고래고래 질러가며 노래 부르던 모습

낯설지만 대견하던 그 모습들
그것들을 기억해내자, 가슴 떨리던 첫 느낌을…

　힘든 상황은 모두 지나가게 마련이다. 죽을 것처럼 아픈 기억도 시간과 더불어 희미해진다. 내 경우도 그랬다. 아이들과의 힘겹던 시간은 다 지나가고, 요즘은 아이들이나 나나 조용한 평화를 맛보고 있다. 내가 아이들한테 늘 해주는 말이 있다. "어떤 고통도 다 지나가게 마련이다. 그러니 참고 견디다 보면 좋은 날이 올 거다." 조금은 진부한 말이다. 하지만 나에게는 여전히 울림을 주는 말이다.
　아이를 기르는 데 있어 시간은 정말 '약'이다. 시간이 아이를 키워내고, 아이를 키우는 엄마 역시 아이와 함께 자란다. 육아의 힘겨운 시간이 당장은 요지부동으로 엄마를 에워싸고 있는 듯해도, 그 시간은 다시 어김없이 기쁨의 봄날을 선사한다. 수고했다고, 어깨를 툭툭 두드리면서.

아이의 호기심에 날개를 달아주는 부모

아이의 호기심을 키워주려면 엄마부터 호기심이 넘쳐야 한다. 작은 것 하나라도 관심 있게 들여다보고 궁금해 하면서 살펴봐야 한다. 매사에 시큰둥하고 귀찮아한다면 아이 역시 무덤덤하게 세상을 바라볼 것이다. 엄마가 아이와 함께 재잘재잘 수다를 많이 떨면 아이는 엄마의 밝고 활기찬 기운을 그대로 전달받아 눈을 반짝이며 세상을 바라볼 수 있다.

봄꽃이 만발한 놀이터 근처를 산책하는데 바로 옆 동에 있는 어린이집에서 아이들이 재잘거리며 나오는 것이 보였다. 서너 살 된 아이들 예닐곱 명과 두 명의 선생님이 놀이터 쪽으로 오고 있었다. 아이들이 재잘대는 모습이 너무 귀여워 걸음을 멈추고 바라보고 있는데 앞서 가던 선생님이 아이들을 멈춰 세웠다. 선생님은 큰 소리로 이렇게 말했다.

"얘들아, 봄바람이 살랑살랑 부네! 봄바람은 가을바람하고 달라요!"

그러더니 옆에 피어 있는 빨간색 철쭉꽃을 보며 말했다.

"꽃은 꺾으면 안 돼요! 꽃이 아야, 해요!"

선생님이 말하는 동안 아이들은 산만하게 여기저기 둘러보며 딴짓을 하고 있었다.

잠시 후 어린이집 선생님은 아이들을 데리고 벤치 앞 빈터로 가더니 동요를 부르며 율동을 하기 시작했다. 아이들도 따라서 귀엽게 몸을 흔들었다. 동작이 가지가지였다. 뒤쪽에 멀뚱히 서 있던 남자아이가 발밑에서 나뭇가지를 주워 들더니 그것으로 화단의 흙을 헤집기 시작했다. 보조 선생님이 아이를 지켜보다가 아이 쪽으로 다가가서 나뭇가지를 빼앗아 저만치 던져버렸다. 아이는 마냥 아쉬운 얼굴로 나뭇가지를 바라보며 서 있었다.

꽃을 들여다보는 척 서서 아이들과 선생님들을 지켜보는데 뭔가 석연찮은 생각이 머릿속을 맴돌았다. 왜 선생님은 일방적으로 봄바람이 살랑살랑 분다고 말했을까? 아이들한테 봄바람이 어떤 느낌인지 물어보면 안 되었나? 왜 꽃을 꺾으면 안 되는지 아이들 생각을 물어보면 안 되는 것이었나? 왜 저 선생님은 아이의 말도 들어보지 않고 무작정 나뭇가지를 빼앗아 던져버렸을까? 아이의 마음 같은 것은 저렇게 무시해버려도 되는 건가? 쓸데없이 오지랖만 넓다 보니 머릿속이 늘 복잡하다. 그렇다고 뭐가 달라지는 것도 아닌데.

요즘 엄마들은 아기들이 아장아장 걷기 시작하면 사회성을 길러준다는 이유로 어린이집부터 보낸다. 엄마와 놀면서는 사회성을 기를 수 없는 것일까? 엄마와 이웃집에도 가고 친척집에도 가고 놀이터에도 가서 다른 아이들과 어울려 놀다 보면 저절로 사회성이 길러질 텐데, 무슨 유행이라도 되는 양 너도나도 어린이집 조기 입학을 시킨다. 획일적인 교육이 얼마나 아이들의 호기심을 죽이고 창의력을 떨어뜨리는지 전혀 고민도 하지 않고 말이다.

아이들의 호기심은 서너 살 무렵에 꽃을 피운다. 그 시기가 되면 아이들은 온갖 것에 질문을 해대기 시작하는데, 아이가 하는 질문을 누군가가 일일이 받아주고 성의껏 답해주어야 아이들의 호기심이 더욱 만발하게 된다.

너무 어린 나이에 단체 생활을 시작하다 보면 아이들은 일일이 호기심을 드러낼 수도 없고 성의 있는 답변을 들을 수도 없다. 여러 아이들을 통솔하려면 규율이 필요하고 가장 효과적인 규율은 아이들의 입과 행동을 막는 것이다. 그런 환경에서 아이들의 호기심이 자라날 수 있을까.

공부의 원천은 호기심이라는 말들을 많이 한다. 그 말에 전적으로 동의한다. 아무 호기심이 없는데 책이 눈에 들어오겠는가. 알고 싶은 마음이 있어야 눈을 반짝이며 책 속에 빠져들 수 있다. 나는 아이들이 다 자란 지금도 질문과 대답을 주고받는 것을 즐긴다. 물론 아이들이 어렸을 때도 그랬다.

우리 집에는 10권짜리 어린이용 백과사전과 30권짜리 성인용 백과사전이 있었는데 아이들과 나는 백과사전이 나달거릴 정도로 가지고 놀았다. 책으로 집도 짓고 담장도 쌓고 의자도 만들며 놀다가 지치면 드러누워 팔랑팔랑 책장을 넘겨가며 또 놀았다. 전자사전보다 종이책 사전이 좋은 점은 다양한 그림, 도면, 지도, 사진이 많이 있어 흥미롭다는 것이다. 그리고 한 가지를 찾다 보면 그 주변의 것들도 다 들여다보게 되어 결과적으로 다양한 지식을 쌓게 되는 이점도 있다.

아이들의 질문이 쏟아질 때면 일부러라도 함께 사전을 찾아보자며 책들을 뒤적였다. 아이들이 책을 못 읽을 때도 그랬지만 스스로 읽을 수 있게 되

었을 때도 함께 백과사전을 찾아보는 것을 즐겼다. 그러다 보니 아이들은 엄마 없이 놀다가도 궁금한 것이 생기면 스스로 백과사전을 들여다보며 답을 얻기도 했다.

아이의 호기심을 키워주려면 엄마부터 호기심이 넘쳐야 한다. 모든 사물을 관심 있게 들여다보고 궁금증을 가지고 살펴봐야 한다. 매사에 시큰둥하고 귀찮아한다면 아이 역시 무덤덤하게 세상을 바라볼 것이다. 반면 엄마가 아이와 함께 재잘재잘 수다를 많이 떨면 아이는 엄마의 밝고 활기찬 기운을 그대로 전달받아 생동감 있게 세상을 바라볼 수 있다.

아이를 키우는 엄마들은 누구보다 행복해야 한다. 집안 분위기도 밝고 산뜻하게 꾸미는 게 좋다. 아기가 말을 하기 전이라도 엄마가 아기와 눈을 맞추며 “우리 아가, 손이 참 따뜻하네”, “발이 동글동글 귀엽구나”, “딸랑딸랑 방울 소리 참 재미있네”, “방이 덥지? 시원한 옷 입혀줄까?”처럼 형용사와 부사 등의 다양한 꾸밈말이 들어 있는 문장을 들려주면 아이의 표현력이 풍부해진다.

엄마와 충분한 교감을 나누고 정서적으로 안정된 아이들은 엄마가 다른 일로 바쁠 때라도 혼자서 잘 논다. 엄마가 항상 눈길이 닿는 곳에 있고, 부르면 즉시 대답해주고, 어려운 일이 있으면 금세 달려와 도와줄 거라는 믿음이 있기에 아이는 혼자서도 놀이를 해가며 즐겁게 노는 것이다. 반면 엄마가 무조건 “안 돼!”, “하지 마!”라는 말로 아이의 행동을 통제하려고만 들면 아이는 엄마 눈치를 보게 되고, 엄마의 관심과 사랑을 얻기 위해 더 말썽을 피우게 된다.

일하는 엄마들은 파김치가 되어 퇴근하기 일쑤다. 그래서 반갑다고 달려드는 아이가 귀찮을 수도 있다. 하루 종일 엄마를 기다린 아이는 엄마를 붙잡고 재잘재잘 얘기하고 놀고 싶은데 엄마는 할 일이 많다며 아이를 밀어낸다. 옷도 갈아입어야 하고 쌓여 있는 설거지도 해야 하고 저녁도 서둘러 준비해 아이를 먹여야 하니 몸도 마음도 바쁘다. 아이의 마음을 들여다볼 여유가 없다. 이때 엄마가 귀찮아하며 아이 말을 무시해버리면 아이는 거부당한 느낌을 갖게 되고 부모 앞에서 입을 다물어버리거나 눈치를 보게 된다. 호기심이 생겨도 속으로 눌러버리고 매사에 흥미를 느끼지 못한 채 무덤덤한 아이로 자라게 된다.

하루 종일 엄마를 애타게 기다렸을 아이의 마음을 어루만져주고 마음속에 쌓여 있을 궁금증을 풀어주는 데 긴 시간이 필요한 것은 아니다. 10분도 좋고, 20분도 좋다. 단 몇 분으로도 족하다. 짧은 시간이라도 깊게 교감하면 되는 것이다. 옷은 조금 뒤에 갈아입더라도, 집안 정리는 잠시 미뤄두더라도 일단 달려드는 아이를 꼭 껴안아주고 이야기를 들어주자. 아이의 궁금증부터 풀어주자. 그러면 아이의 마음은 평온해지고 사랑받는 존재라는 생각에 자존감 높은 아이로 자라게 된다.

아이를 키운다는 것은 엄마도 다시 새롭게 태어날 기회를 얻는 것을 의미한다. 이제까지 우울하고 불안한 시선으로 세상을 바라봤다면, 아이의 순수한 눈으로 세상을 새롭게 바라볼 수 있다. 아이와 함께 쪼그려 앉아 달팽이가 기어가는 것도 바라보고 팔랑거리는 나비를 좇아 아이와 한들한들 거닐어보기도 하자. 흘러가는 구름을 보며 아이와 구름 너머의 세상을 얘기해 보고 외계인이 있다면 어떻게 생겼을지 상상의 나래도 마음껏 펼쳐보자. 아이의 호기심은 무궁무진하고 아이와 눈높이를 맞춰 바라보는 세상은 참으로 신비하고 아름다울 것이다.

내 아이에게
나는 어떤 엄마일까

좋은 엄마란 품이 넓은 나무처럼 아이가 지치고 힘들 때 곁에서 보듬어주고 위로해주며 다시 세상으로 나갈 힘을 주는 엄마라고 생각한다. 공부만을 인생 성공의 잣대로 보지 않는 엄마. 적절한 훈육과 규율로 자립심을 키워주고, 세상 모든 사람이 경쟁자라는 생각보다는 더불어 잘 사는 가치를 심어주는 엄마. 이런 엄마가 좋은 엄마가 아닐까.

큰아들이 서울대에 합격하고 2년 후에 작은아들이 서울대, 포스텍, 카이스트, 중앙대 의대에 합격하자 여러 가지 반응이 나타났다. 오랜 친구들은 이렇게 말했다.

"애들이 워낙 알아서들 잘했으니까. 넌 애들한테 무조건 고마워해야 해. 돈도 얼마 안 들이고 이렇게 잘 커줬으니 얼마나 효자니!"

일 년에 한두 번 만나는 사람들이나 친척들의 반응은 이렇다.

"아휴, 안 봐도 훤하지. 날마다 집에만 틀어박혀 있더니 얼마나 애들을 쥐잡듯 잡았겠어?"

여기저기서 입소문으로 알게 된 사람들은 이렇게 물어본다.

"어느 학원에 보낸 거예요? 교재는 뭘 썼어요?"

서울대에 갈 실력이었지만 집안 형편 때문에 4년 장학생으로 조금 낮은 서열의 대학에 갔다며 늘 아쉬워하던 남편은 자신의 한을 자식들이 풀어준 듯 입이 귀에 걸렸다. 나 역시 이런 결과가 가슴 떨리고 믿을 수 없긴 했지만 남편처럼 대놓고 좋아할 수만은 없었다. 평소에 대학이 전부가 아니라고, 될 사람은 어디에 내놓아도 빛을 발하는 법이라고 말하던 내가 어떻게 하루 아침에 아이들이 그런 결과를 냈다고 방방 뛰겠는가.

더욱이 늘 "네 인생 네가 사는 거다", "네 공부 네가 하는 거야" 하며 아이들을 세상 밖으로 밀어내기만 했던 엄마가 갑자기 결과만 가지고 환호작약한다는 것은 참 멋쩍은 일이었기에, 나는 그저 고생했다며 아이들의 등을 두드려주는 것으로 가볍게 끝을 내고 말았다.

작은아들이 고3이 됐을 때였다. 2년 전 큰아들 때 손 안 대고 코 풀듯 거저 서울대생 엄마가 되어버린 것이 아무래도 마음에 걸려 이번엔 그래도 아이한테 조금은 힘이 되어주자는 생각에 학부모 면담 일에 담임선생님을 찾아갔다. 선생님과 화기애애하게 인사를 나누고 이런저런 얘기를 몇 마디 더 나눴다. 선생님이 웃으며 노트북을 열자 화면에 성적표가 보였다. 나는 호기심에 가득 차 성적표를 들여다봤다. 우리 아들은 몇 등이나 했을꼬? 그런데 뭘 어떻게 봐야 할지 난감했다. 이리 봐도 숫자, 저리 봐도 숫자뿐이었다.

'대체 이게 뭐야?'

전교생 몇 명에 몇 등이라고 단순하고 명확하게 나와 있는 것이 아니라

갖가지 숫자가 온통 세분화되어 어지럽게 나열되어 있었다. 컴퓨터에 얼굴을 박다시피 하고 손가락으로 숫자들을 짚어가며 보는데도 도통 뭐가 뭔지 모르겠다는 표정을 짓자, 열심히 뭔가 설명하던 선생님이 하던 말을 뚝 그쳤다.

"어머님, 성적표 처음 보시는 거예요?"

"처음은 아니지만… 너무 어렵네요."

"그럼 수시 때 원서를 몇 군데 쓰는지는 아세요?"

"글쎄요, 한 열 군데요?"

큰아이 때 엄마들이 열 군데나 원서를 냈다는 소리를 들은 적이 있었다. 내 딴엔 정답을 맞혔다는 기대감으로 선생님을 바라봤지만, 선생님은 설핏 웃더니 올해부터는 여섯 군데라고 말해주었다.

성적표를 처음 본 것은 아니라는 내 말은 사실이었다. 다만 한 번도 자세히 들여다보지 않았던 것일 뿐. 나는 초등학교 이후로 수학 울렁증이 있어 숫자만 보면 머리가 하얗게 굳어져버렸다. 그래서 아이들이 간간이 성적표를 내밀 때 보는 척하긴 했지만, 그저 숫자만 잔뜩 적힌 종이로만 생각한 채 "어, 잘했네" 아니면 "나중에 잘하면 되지 뭐" 하며 남편이 볼 수 있게 화장대에 올려놓았다.

그렇다고 남편도 세세히 들여다보는 것 같지는 않았다. 늘 회사 일로 바쁜 남편은 대충 한번 훑어볼 뿐 가타부타 성적에 대해 말하진 않았다. 그렇게 무심한 부모 밑에서도 아이들이 좋은 성적을 냈다며 어느 친구는 "신의 아들들!"이라는 표현을 쓰기도 했다. 하지만 우리는 아이들이 학교에 잘 다니고 있는데 부모가 나설 일이 뭔가 하며 그저 무덤덤했을 뿐이었다.

성적표에 대해 질문 같지도 않은 질문을 계속 던졌지만 선생님은 미소를 잃지 않고 최선을 다해 답해주었다. 그런데도 내가 계속 못 알아듣고 엉뚱한 소리만 해대자, 선생님은 결국 한숨을 푸욱 내쉬더니 이내 노트북을 덮었다.

"어머님, 제가 나중에 아이 불러서 자세히 상담할게요. 걱정하지 마세요."

그 말에 나는 환한 미소로 답했다. 그 뒤 가벼운 담소를 나누고 면담을 끝냈다.

내가 이런 얘기를 하면 사람들은 고개를 갸웃할지도 모르겠다.

"참 별나기도 하네. 선생님과 면담하는 게 얼마나 어려운데", "아무것도 모르고 가면 선생님들이 얼마나 싫어하는데", "애가 전교 1등이라도 했나보지 뭐" 하며 입을 비죽거릴지도 모른다.

하지만 우리 아이들의 성적은 상위권 정도였고, 나 역시 선생님과의 면담 자리가 어렵기는 마찬가지였다. 그럼에도 내가 선생님들과 즐겁고 편하게 대화할 수 있었던 것은 무엇보다 학교와 아이들을 믿었고, 다른 아이들이 학교 수업을 대수롭지 않게 여길 때 우리 아이들은 학교 수업에 충실했으며, 그래서 선생님들한테 사교육보다는 스스로 공부하는 습관이 잘 든 아이들이라는 칭찬을 많이 들었기 때문이다. 학부모로서 내가 한 일이라곤 아이의 학교생활에 대해 가끔 담임선생님에게 문자나 편지를 보낸 정도였다. 그리고 스승의 날이나 종업식 날에 작은 선물과 감사 편지를 아이 편에 전한 것이 전부였다.

그렇게 뒤로 멀찍이 물러나 있던 엄마였기에 아이들의 입시 결과에 대해 어디다 대놓고 자랑할 수도 없고 아이들 앞에서 맘껏 좋아할 수도 없었다. 게다가 가끔은 소리소리 질러대고 힘들다며 일주일씩 가출 아닌 가출을 감행하던 엄마였으니 어떻게 아이들 앞에서 마냥 좋아할 수 있겠는가. 나는 그렇게까지 양심 없는 사람은 아니었다. 그럼에도 청개구리 기질은 남아 있어서 삐딱한 생각이 고개를 쳐들기도 했다.

'저놈들이 정말 혼자 힘으로 이런 결과를 이뤄낸 건가? 아니지. 나도 죽도록 힘들게 키워냈잖아. 뭐, 항상은 아니겠지만 그래도 나름 괜찮은 엄마였다고. 다른 건 몰라도 늘 녀석들 마음을 이해해주려고 애쓴 건 사실이잖아.'

이렇게 자꾸 스스로에게 주문을 걸다 보니 내가 정말 좋은 엄마였던 것 같은 믿음이 생겼다. 그래서 그 여세를 몰아 외출하려고 신발을 신고 있던 작은아들한테 물어봤다.

"웅아, 엄마는 어떤 엄마였니?"

아이가 씩 웃으며 나를 바라봤다. 나는 무안함을 감추려고 어깨를 한 번 으쓱하고는 다시 물었다.

"그냥, 엄마가 궁금해서 그래. 엄마는 어떤 엄마였어?"

아들한테는 이런 엄마 모습이 낯설진 않을 것이다. 엄마는 늘, 아무거나, 스스럼없이 질문을 해댔으니까. 너, 몽정은 해봤니? 키스는? 사춘기가 성충동이 제일 강한 시기야. 되도록 안 하면 좋겠지만, 혹시라도 성관계를 할 땐 콘돔을 꼭 써야 한다. 너희, 여자가 생리를 어떻게 하는 줄 알아? 아빠 여

I LOVE MOM

자가 생리를 딱 한 번만, 그것도 딱 한 방울 정도만 흘리는 줄 알더라? 너희는 그렇게 무지하면 안 돼. 생리 때가 되면 여자들이 히스테릭해지는 데는 다 이유가 있는 거야…

나는 아이들한테 뭐든 정확한 지식을 알려주려고 했다. 특히 남자아이들이 늘 관심을 갖는 이성에 대해서는 더욱 그랬다. 아이들이 가진 이성에 대한 환상을 깨자는 게 아니라 여자의 특성을 이해하고 올바로 존중해주는 법을 알려주고 싶었다. 여자들이 이슬만 먹고 사는 연약한 존재가 아니라 동등한 권리와 의무를 지고 가야 할 동반자라는 개념을 심어주고 싶었다. 처음 내 생리대를 들이댔을 때 남편과 아이들은 질겁했다. 나는 그 모습이 너무 재밌어서 깔깔거리면서도 내가 하고 싶은 말은 다 했다. 그런 엄마이니 무슨 질문인들 못하겠는가.

작은아들은 엄마가 어떤 엄마인지 잠시 생각하는 척하다가 싱긋 웃으며 말했다.

"엄마는… 좋은 엄마예요."

그럼 그렇지! 나는 회심의 미소를 지었다. 그러면서 또다시 돋아나는 궁금증을 누르지 못하고 물었다.

"근데 말이야… 넌 어떻게 그렇게 대학을 잘 간 거니?"

아이가 황당하다는 표정을 지었다. 해도 너무한다는 얼굴이었다. 나는 미안함에 얼른 변명을 했다.

"그러니까 그게, 너를 무시해서가 아니라, 엄마가 정말 궁금해서 그러는 거야. 넌 맨날 친구들이랑 농구 했다 그러고, 극장에 갔다 그러고, 노래방에도 자주 가고 그랬잖아. 그래서…"

아이가 다시 피식 웃었다.

"엄마 잘 때 공부했어요."

"그랬어? 엄만 몰랐네… 근데 왜 난 몰랐지? 밤중에 항상 한두 번씩은 깨고 그랬는데?"

"어쨌든 내가 죽어라 공부해서 대학 간 거니까, 엄만 그냥 그렇게 아시면 돼요."

머쓱해진 내가 어깨를 으쓱하자 아들은 활짝 미소를 지어주곤 밖으로 나가버렸다. 아들이 나간 뒤에도 내 머쓱함은 사라지지 않았다.

창가를 서성이며 내가 어떤 엄마였는지를 곰곰이 되새겨봤다. 아들의 말대로 나는 정말 좋은 엄마였을까? 부모 인생과 아이들 인생은 별개이니 아이를 내버려두라거나, 정보를 부르짖는 엄마들에게 정보가 많아지면 머리만 아프니 귀 막고 눈 감고 살라 하거나, 제대로 된 육아서 한 번 읽지 않고 내 직감대로만, 내 생각대로만 아이들을 키워낸 것이 과연 잘한 일이었을까?

다행히 아이들이 잘 자라줘서 내 모든 잘못이 유야무야 덮이긴 했지만 참 무모한 엄마였다고 반성하지 않을 수가 없다. 부모가 정직하게 열심히 살면 아이들도 그렇게 따라온다는 믿음은 있었지만 이렇게 복잡한 세상에서 아이들 키우기가 어디 그리 단순하고 만만한 일인가 말이다.

이제라도 젊은 엄마들에게 말해주고 싶다. 아이는 혼자서는 자라지 못한다고. 부모의 무한한 애정과 관심과 지지와 격려를 먹고 자라는 존재라고. 그러니 젊은 부모들은 나처럼 우왕좌왕하며 아이들을 키우지 말고 전문가들의 육아서를 골라 열심히 공부하는 부모가 되라고. 그래서 아이 마음을 상처투성이 자갈밭이 아니라 싱싱한 꿈이 자라는 비옥한 텃밭으로 가꿔주라고.

좋은 엄마란 품이 넓은 나무처럼 아이가 지치고 힘들어 할 때 곁에서 보듬어주고 위로해주며 다시 세상으로 나갈 힘을 주는 엄마라고 생각한다. 공부만을 인생 성공의 잣대로 보지 않는 엄마. 책상에 오래 앉아 있으라고만 강요하지 않는 엄마. 돈이나 물질로 엄마 노릇 다했다고 안도하는 것이 아니라 가슴과 가슴을 맞대어 온기를 전해주고, 눈물 어린 아이의 눈을 들여다보며 함께 울어주고, 아이의 꿈에 박수를 쳐주는 엄마가 좋은 엄마라고 생각한다. 적절한 훈육과 규율로 자립심을 키워주고 세상 모든 사람이 경쟁자라는 생각보다는 더불어 잘 사는 가치를 심어주는 엄마. 겉치레보다는 내면을 갈고닦고 주어진 환경에 감사하며 살게 이끌어주는 엄마. 이런 엄마가 정말 좋은 엄마가 아닐까.

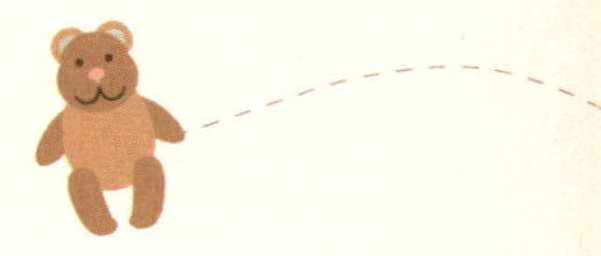

아이가 고분고분하다고
마냥 좋아할 일이 아니다

아이가 부모 말에 순종한다고 마냥 좋아할 일이 아니다. 아이가 청개구리처럼 군다고 속상해할 일도 아니다. 자기주장은 전혀 없이 순종만 하는 아이라면 왜 그런지 아이의 마음을 들여다보고 아이의 색깔을 찾아줘야 한다. 청개구리 같은 아이라면 독창적인 아이, 개성 있는 아이라고 감싸주며 적절한 훈육을 곁들이는 것이 좋다. 그 아이가 훗날 에디슨이나 스티브 잡스 같은 위대한 인물이 될지도 모른다는 믿음을 가지고서.

평소에 알고 지내던 한 엄마가 우리 집에 놀러 왔다. 그 엄마는 집에 들어오자마자 사는 게 힘들어 죽겠다며 다짜고짜 우는소리를 했다. 차를 건네주며 뭐가 그리 힘든지 물어보니, 유치원에 다니는 아들이 엄마 말은 전혀 안 듣고 청개구리처럼 굴어서 힘들다고 했다. 초등생인 누나는 시키는 대로 고분고분 말도 잘 듣는데 아들 녀석은 누굴 닮아 그 모양인지 모르겠다며 하소연이 이어졌다. 그러더니 말끝에 "아니, 아들놈 하나도 이렇게 키우기가 힘든데 대체 어떻게 아들을 둘씩이나 그렇게 잘 키우셨데요?" 하며 나를 마치 대단한 사람인 양 바라보기에 피식 웃음이 났다.

"글쎄, 그냥 대충대충 키운 것 같은데 어느 날 보니까 다 커 있더라고."

"에이, 말씀은 그렇게 하시지만 어디 대충대충 키우셨겠어요? 지극정성으로 키웠으니까 애들이 잘 큰 거겠지요."

그러고는 집 안을 휘 둘러보더니 거실에 놓인 텔레비전을 보고 깜짝 놀란 표정을 지었다.

"거실에 텔레비전이 있네요?"

"어. 근데 그게 이상해?"

"아뇨, 그런 게 아니라… 요새 애 키우는 집들은 대부분 텔레비전은 치워버리고 거실을 서재로 만들거든요. 그래야 애들이 책하고 가까워진다고요."

"맞는 말이야. 거실에 책이 가득하면 아무래도 애들이 책하고 친해지겠지. 근데 뭐 다들 생각이 다른 거니까. 우린 그냥 자유롭게 텔레비전도 보고 책도 읽고 그러면서 살았어."

"와, 근데 어떻게 애들이 그렇게 공부를 잘했데요?"

젊은 엄마의 눈이 다시 호기심으로 반짝였다.

"글쎄, 자기들이 알아서 했지… 그리고 텔레비전을 항상 본 건 아니고 공부하다 힘들면 짬짬이 보고 그랬지."

"그러니까, 그게 어디 쉽냐고요. 애들은 한번 텔레비전을 보면 끝장을 보려는 게 문제잖아요."

"텔레비전도 안 보면 애들하고 맨날 뭐 하는데?"

"그냥 숙제도 하고 학습지도 풀고 책도 읽고 놀기도 하고, 대충 그렇죠 뭐."

"그걸 다 엄마랑 같이 하는 거야?"

"에이, 어디 그러겠어요? 전 집안일 하느라 항상 바쁜걸요."

"근데도 애들이 참 착하네. 알아서들 잘하니까 말이야."

"뭘 알아서 하겠어요! 딸내미는 그나마 나은데 아들놈은 백 번 말해봐야 소귀에 경 읽기니, 날마다 전쟁이죠!"

"어휴, 정말 힘들겠네!"

"맞아요! 정말 미치고 팔짝 뛰겠어요! 이러다 우울증 걸리겠다니까요?"

젊은 엄마가 어찌나 한숨을 내리쉬는지 나까지 우울해질 지경이었다. 겨우 유치원생 아들 때문에 벌써부터 저렇게 속을 끓이면 앞으로 어떻게 그 많은 고비를 넘길지 참 안타까웠다. 그렇다고 아이는 이렇게 키워야 한다며 내 생각을 일일이 알려줄 수도 없어서, 그 엄마의 말을 들어주는 것으로 만남을 갈무리했다.

많은 부모들이 청개구리 같은 자식 때문에 속을 끓인다. 오죽했으면 '미운 일곱 살'이라는 말이 생겨났을까. 요즘은 그것에 덧붙여 '미운 세 살', '미운 중2', '미운 서른 살' 등 미운 때가 서너 배는 더 늘어났다. 대학까지 죽어라 가르치고 힘들게 키워놨더니 취직도 않고 결혼도 않고 애도 안 낳는다 하니, 부모들로서는 억장이 무너지고 한숨이 절로 날 만도 하다. 부모들만 괴로운 것이 아니다. 정작 청개구리처럼 엇나가는 자식들도 불행하기는 마찬가지다.

우리나라는 OECD 국가 중에서 자살률은 높고 행복지수는 바닥인 나라 중 하나다. 우리보다 훨씬 못사는 부탄이나 네팔 국민들이 더 행복하다는 통계도 본 적이 있다. 왜 그럴까? 우리가 그토록 숭배하는 돈이나 물질이 행복을 보장하지 않는다는 말일까? 그렇다면 너무 억울하지 않은가. 잘 먹고 잘 살기 위해 그토록 경쟁하며 앞만 보고 달려왔는데, 아이들한테는 조금 더 좋은 환경을 만들어주려고 갖은 뒷바라지 다 해줬는데, 이제 와서 그런 게 행복의 조건이 아니라니. 이제 와서 자식들이 엇나간 것이 다 부모 책임이라니. 참 씁쓸하고 허무한 결과가 아닐 수 없다. 그렇다고 자책하고 후회만 하며 주저앉아 있을 수만은 없다.

행복해지기 위해서는 돈이 많고 적고를 떠나 나의 자존감을 높이는 것이 우선시되어야 한다. 자존감이란 '나는 사랑받을 만한 가치가 있는 소중한 존재이고, 어떤 성과를 이뤄낼 만한 유능한 사람이라고 스스로를 믿는 마음'이다. 자신에 대한 확고한 믿음이 있기 때문에 상황에 따라 감정이 급변하지 않고 어떤 위기에도 잘 대처할 수 있다.

자존감이 높은 사람은 밝고 긍정적인 사고로 자신이 한 일에 대해 행복감과 만족감을 느낀다. 자신의 부족한 점까지도 긍정적으로 받아들이며 타인을 비난하지 않는다. 자신의 마음을 잘 살필 줄 알기 때문에 다른 사람의 마음도 쉽게 공감하고 이해할 수 있다. 그런 성품이기에 대인관계가 좋고 남과 더불어 사는 것에 행복을 느낀다.

아이들도 마찬가지다. 자존감이 높은 아이들은 자기 자신에 대한 믿음이 강하고 자신감이 남달라 도전을 두려워하지 않는다. 어려서부터 존중받고 사랑받으며 자랐기에 긍정적이고 적극적이며 호기심이 강해 공부에도 열의를 보인다. 또 자신의 감정을 표현하는 데 익숙하기 때문에 친구 관계도 좋고 학교 폭력에도 적극적으로 대처할 수 있다.

반면, 자존감이 낮은 아이들은 자신이 남보다 못하거나 부족하다는 생각에 열등감, 우울, 불안, 공포, 분노의 감정을 자주 느낀다. 부모의 높은 기대치에 부응하지 못하다 보니 스스로를 무능한 존재, 무가치한 존재로 인식하게 되어 자기혐오에 빠지기 쉽다. 마음이 상처로 얼룩져 있어 작은 손해만 봐도 차별받았다는 생각에 감정조절이 어렵고, 타인에 대한 비방을 일삼게 되어 결국 부담스러운 존재, 피하고 싶은 존재가 되고 만다.

그렇다면 행복의 조건인 자존감은 어떻게 키워줘야 할까.

미국의 정신분석학자 에릭 에릭슨(Erik Erikson)에 따르면, 자존감 발달이 일차적으로 마무리되는 시기는 0~7세 사이라고 한다. 다시 말하면 이 시기에 부모와의 애착 관계가 잘 형성되어야 아이의 자존감이 높아진다는 것이다.

0~3세는 세상에 대한 신뢰를 형성하는 시기이므로 아이가 필요로 할 때마다 엄마(주양육자)는 즉각적인 반응을 보여줘야 한다. 그래야 정서적으로 안정된 아이로 자라날 수 있다. 3~5세 무렵은 뛰기, 걷기, 말하기 등 세상을 살아가는 데 필요한 온갖 기술을 습득하는 시기이다. 아이는 넘어지고 실패를 경험하며 세상을 탐색해나간다. 이때 부모는 아이가 무엇이든 스스로 할 수 있도록 기다려줘야 한다. 또 아이가 실패했을 때는 괜찮다며 등 두드려주고 격려해줘야 한다. 실패했다고 비난하고 나무라면, 아이는 자존감에 상처를 입게 되고 그 상처가 잠재된 기억 속에 고스란히 남아 평생 자존감 낮

은 사람으로 살아갈 확률이 높아진다.

5~7세 때는 자기주도능력이 높아지는 시기로 어른을 모방하고 무엇이든 혼자 힘으로 하고 싶어 한다. 그래서 어른 눈에는 아이가 청개구리처럼 보이기도 한다. 이 시기의 아이는 놀이도 스스로 창작해서 노는 것을 즐기며 '왜'라는 질문을 곧잘 한다. 이 시기에 엄마나 다른 양육자가 긍정적인 반응을 보여주면 아이의 자존감이 높아지고 자기주도능력이 향상된다. 반면 엄마나 다른 사람에게 질문했을 때 거절당하거나 귀찮다고 혼이 난 경험이 많은 아이들은 상대적으로 자존감이 낮고 나쁜 짓을 한 것처럼 죄책감을 느끼게 된다.

아이의 자존감을 높여주는 비결은 부모의 무조건적인 애정에 있다. 아이의 마음과 생각을 인정해주며 아이의 노력에 박수쳐주고 칭찬을 듬뿍 해주면 되는 것이다. 아이를 공부나 성적만으로 평가하지 말고 아이가 곁에 있어주는 것에 감사하며 자주 껴안아주고 사랑한다고 말해주면 된다. 아이가 할 수 있는 작은 일들, 예를 들면 혼자 가방을 챙기거나, 간단한 식사를 차려 먹거나, 엄마 심부름을 다녀오거나 하게 해서 아이가 스스로 할 수 있다는 성취감을 맛보게 하는 것도 자존감을 높여주는 좋은 방법이다.

어릴 때부터 부모와의 애착 관계가 잘 형성되어 자존감이 높은 아이는 성인이 되어서도 행복하게 세상을 살아갈 수 있다. 하지만 부모로부터 방치되었거나 학대받은 경험이 있거나, 온실 속 화초처럼 과잉보호를 받고 자란 아이들은 자존감이 낮기 때문에 어려움이 닥치면 '왜 나한테만 이렇게 힘든 일이 생길까, 더 이상은 못 참겠어' 하며 쉽게 좌절하고 포기해버린다.

물론 자존감이 낮은 사람들도 스스로의 각성과 노력을 통해 자존감을 높일 수 있다. 너무 완벽해지려 하지 말고 조금은 느긋하게 자신의 마음을 들여다보며 위로와 격려를 보내주면 된다. 허황된 목표가 아니라 성취 가능한 작은 목표들을 정해놓고 그것을 위해 살아가는 것 자체가 즐겁고 행복한 일임을 인식하면 된다. 나는 할 수 있다는 긍정적인 자기 암시를 위해 유익한 강연을 듣고, 좋은 책을 읽고, 적절한 운동을 통해 자신의 외모를 변화시키는 것도 자존감을 높일 수 있는 좋은 방법이다.

아이가 부모 말에 순종한다고 마냥 좋아할 일이 아니다. 아이가 청개구리처럼 군다고 속상해할 일도 아니다. 자기주장은 전혀 없이 순종만 하는 아이라면 왜 그런지 아이의 마음을 들여다보고 아이의 색깔을 찾아줘야 한다. 청개구리 같은 아이라면 독창적인 아이, 개성 있는 아이라고 감싸주며 대화를 통한 적절한 훈육을 곁들이는 것이 좋다. 그 아이가 훗날 에디슨이나 스티브 잡스 같은 위대한 인물이 될지도 모른다는 믿음을 가지고서.

엄마에게도 꿈이
있어야 하는 이유

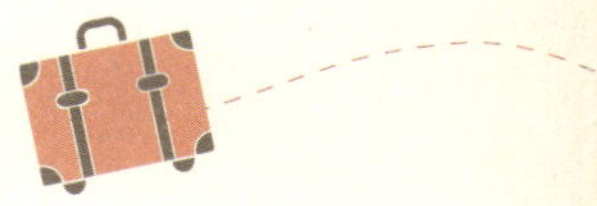

사랑할수록 어느 정도 거리를 둬야 한다. 부모 자식 간에도 마찬가지다. 거리를 두라고 해서 냉정하고 이기적인 부모가 되라는 말이 아니다. 합리적이고 이성적으로 아이를 키우라는 말이다. 아이는 내 '아바타'가 아니다. 언젠가는 떠날 '사람'이다. 아이에게만 머물러 있는 시선을 거둬 나 자신을 들여다보자. 혼자 남을 내 인생을 위해 시간과 돈을 투자하자. 그것이 아이도 살고 나도 사는 길이다.

아이들이 자랄수록 엄마라는 이름이 무겁게만 느껴진다. 나는 과연 어떤 엄마일까. 아이의 의사보다는 내 생각대로 아이를 통제하고 강압하는 '알파맘'일까, 아이의 자율성과 창의성을 길러주기 위해 아이의 의사를 존중하는 '베타맘'일까, 아니면 아이 곁에서 한시도 떨어지지 못한 채 아이가 성인이 되어도, 결혼한 후에도 모든 것을 돌봐주려는 '헬리콥터맘'일까.

어쩌면 우리는 세 가지 유형을 구분할 수 없을 정도로 되는 대로 아이들을 키우고 있는지도 모른다. 누가 대신 키워줄 사람 없나 도움의 손길을 찾고, 하루에도 몇 번씩 절망감을 느끼면서. 엄마들은 소망한다. 어서어서 아이들이 자라기를. 어서 빨리 초등학생이 되고, 중학생이 되고, 고등학생이 되고, 대학생이 되어 스스로 모든 것을 알아서 해주기를. 하지만 엄마들의 바람처럼 아이들이 대학생이 되었다고 해서 모든 근심이 사라지진 않는다. 그다음에는 더욱 큰 고민과 걱정이 엄마들의 어깨를 짓누른다. 진로 걱정, 취직 걱정, 결혼 걱정 등 걱정이 끊일 날이 없다.

아이들 때문에 힘들어하는 엄마들에게 난 이기적인 엄마가 되라고 말해주고 싶다. 어차피 아이들은 자라면 부모 곁을 훌훌 떠나버린다. 그러니 아이들만 바라보며 전전긍긍할 필요가 없다. 아이가 떠난 뒤에 허허로운 맘을 끌어안고 자식만 기다리는 가여운 엄마가 되지 말고 남은 인생을 즐겁고 당당하게 살아갈 준비를 하라는 것이다. 경제적으로 여유가 있어 외국 여행을 할 계획이라면 다양한 외국어 공부를 해볼 수도 있고, 아담한 가게를 꾸리고 싶다면 그에 필요한 것들을 한 가지씩 준비하면 된다. 뜨개질, 그림, 노래, 춤 등 뭐든 신나게 할 수 있는 일을 찾아 열심히 하면 되는 것이다.

엄마가 치열하게 사는 모습이 아이들에게 더 큰 교육이 된 사례가 있다. 영화 〈호로비츠를 위하여〉에 출연한 피아니스트이며 클래식 음악계 최초로 오빠 부대를 이끌고 다니는 스타 연주자 김정원의 엄마는 드라마 작가인 이금림 씨다. 어느 인터뷰에서 아들은 엄마에 대해 이렇게 말했다.

"어머니께 방해될까봐 친구들을 집에 데려와 노는 건 상상도 못했고, 집에 혼자 있어도 발끝을 들고 다녀야 했어요. 아침마다 현관에서 도시락을 들려주며 배웅해주신 적도 없어요. 새벽까지 일하시느라 주무시고 계셨으니까요. 어린 시절엔 서운한 적이 많았지만, 자라면서 어머니가 무관심으로 우리를 방임했던 것이 아니라 항상 우리 형제에게 미안함을 가지고 있었다는 걸 알게 됐어요. 어렸을 때부터 잡아놓고 연습시킨 것보다 당신이 열심히 살고 있는 것을 몸소 보여주신 게 제겐 더 큰 자극제가 되었죠. 어머니가 학교에 찾아오지 않으니 내가 열심히 하지 않으면 미움을 받을 것 같은 생각에 더 열심히 한 것 같아요. 다른 아이들은 놀다 보면 엄마들이 공부하라고 하잖아요. 저희 어머니는 그런 간섭이 전혀 없었으니 제 스스로 더 마음을 다잡아야 했어요. 결과적으로 어머니의 방임이 저에게는 긍정적인 영향을 준 거죠."

여성 정치가인 심상정 의원도 늘 하나뿐인 아들에게 미안한 마음을 갖고 있다고 한다.

"노동운동을 하면서 지방 출장도 많았고 수배도 당해서 엄마 역할을 제대로 못했어요. 곁에 있어주진 못했지만 아이에게 엄마가 의미 있는 일을 하는 사람이라는 것, 또 언제 만나 함께 놀 건지 예측 가능하게 해주는 데 주력했죠. 엄마가 이번 주는 창원 가서 아저씨들 교육하고, 그 다음날 울산에 가니까 너랑 두 밤 자고 만날 거야. 이런 식으로요. 초등학교 때 피아노 선생님이 제 아들만큼 자기 엄마에 대해 자부심 가진 아이를 처음 봤다고 한 적이 있었어요. 늘 조바심 내던 묵은 체증이 내려간 심정으로 펑펑 울었죠. 어려서부터 엄마를 이해해야 했기에 엄마보다 더 어른스러운 아들이 된 것 같아요. 저는 늘 그게 미안하고 안쓰러워요. 요즘도 만나면 먼저 저 보고 '잘하세요' 그래요. 자기가 엄마 같아요." (『중앙일보』 인터뷰 기사 중에서)

아이들은 부모의 삶을 그대로 모방하며 자란다. 잔소리만 하던 엄마가 어느 날 자기 일을 찾아 그 일에 몰입하면 아이들은 달라진 엄마를 보며 자기 자신을 뒤돌아본다. 그리고 자신의 문제가 무엇인지 스스로 깨닫게 된다. 그때가 되면 공부하라고 잔소리하지 않아도, 감시하지 않아도 스스로 알아서 공부를 시작한다. 비록 친구들보다는 조금 늦더라도 스스로 하는 공부이기에 금세 따라잡을 수 있다.

언젠가 서울대에 입학한 학생들을 대상으로 설문조사 한 것을 본 적이 있다. 많은 학생들이 한때 게임에 빠져 공부를 소홀히 한 경험이 있었다. 그리고 그 아이들이 항상 공부를 잘했던 것도 아니었다. 많은 수의 학생들이 고등학교 때부터야 정신을 차리고 공부해 좋은 성적을 거뒀다고 한다. 그들 부모를 인터뷰해보니 대부분이 공부하라고 잔소리하기보다는 아이를 믿고 지켜만 봤다고 했다.

아이를 사랑한다면 뭐든 '적당히' 해주자. 아이한테 너무 많은 것을 쏟아부으면 본전 생각이 나서 아이를 들들 볶게 된다. 아이는 억울할 따름이다. 누가 해달라고 했나? 부모 마음대로 해놓고 "내가 너한테 들인 돈이 얼마인데 이 모양이냐"고 아이를 원망하는 격이다.

사랑할수록 어느 정도 거리를 둬야 한다. 부모 자식 간에도 마찬가지다. 그래야만 관계가 평안하고 오래 지속될 수 있다. 거리를 두라고 해서 냉정하고 이기적인 부모가 되라는 말이 아니다. 합리적이고 이성적으로 아이를 키우라는 말이다. 아이는 내 '아바타'가 아니다. 언젠가는 떠날 '사람'이다. 아이에게만 머물러 있는 시선을 거둬 나 자신을 들여다보자. 혼자 남을 내 인생을 위해 시간과 돈을 투자하자. 그것이 아이도 살고 나도 사는 길이다.

내가 아는 어떤 엄마는 3학년과 5학년 두 아들이 학교에 간 사이 교구를 활용해 창의수학을 가르치는 수업을 듣고 있다. 자기 아이들의 수학 공부를 봐주기 위해서이기도 하지만 나중에 아이들이 중학생이 되면 집에서 공부방을 열 소박한 계획도 갖고 있다.

공부를 시작하기 전에는 일분일초 아이들의 뒤를 따라다니며 잔소리를 해댔고 아이들의 위생을 걱정하며 날마다 청소기를 돌려대던 엄마였다. 그래서 저녁 무렵이면 녹초가 돼버렸고 술 먹고 늦게 돌아온 남편과 다투기 일쑤였다. 그녀가 짜증을 낼 때면 남편도 곱게 받아주지 않았다. 폭언이 오갔고 심지어 아이들 앞에서 남편에게 손찌검을 당하기도 했다. 그녀는 씻을 수 없는 상처를 입었고 급기야 우울증을 앓았다. 매사에 짜증을 냈고 모든 일에 관심을 잃었다. 아이들도 귀찮아했다. 아이들이 눈앞에 보이기만 해도 버럭 화를 내며 험한 말들을 쏟아냈다. 잔뜩 주눅이 든 아이들은 엄마의 눈치만 살폈다. 책상에도 알아서 앉았고 집 안 청소도 알아서 했다.

다시 남편과 한판 대결을 벌이던 날, 가뜩이나 소심하고 겁 많던 둘째 아이가 기함하며 쓰러져버렸다. 그날 이후 아이는 굳게 입을 닫았고 심하게 눈을 깜빡이는 틱 증세까지 보이기 시작했다. 의사는 아이가 소아우울증을 앓고 있다고 했다. 의사의 조언에 따라 부모부터 달라지기로 했다. 우울증을 앓고 있는 엄마도 정신과 치료를 받기로 했고 남편과 함께 부모 교육에도 참여했다.

아빠는 시간을 내서 가족들과 함께하려 노력했고, 공부를 새로 시작한

DREAM BIG

엄마도 활기차고 자신감 있게 변해갔다. 부부 사이가 좋아지자 아이들도 안정을 되찾았고 엄마가 배우는 창의놀이 수학을 함께 하면서 공부에도 흥미를 갖게 되었다. 어려서부터 뭔가를 조몰락거리며 만들기 좋아하던 큰아이는 수학과 과학을 더 공부해 로봇 박사가 되겠다는 꿈을 갖게 되었고, 우울증 치료차 병원에 들락거리던 둘째 아이도 나중에 커서 의사가 되고 싶다는 꿈을 꾸게 되었다.

　　엄마가 자신의 일에 집중하면 좋은 일들이 줄줄이 따라온다. 자신감이 생겨 남편과도 동등한 입장에서 대화할 수 있고 아이들한테도 간섭과 잔소리를 덜하게 되어 관계가 좋아진다. 꿈이 뭔지 몰라 헤매는 아이라면 엄마가 하는 일을 보며 자신의 꿈을 발견할 수도 있다. 가장 좋은 점은 그렇게 닦아 놓은 실력으로 필요할 때면 언제라도 경제활동에 뛰어들 수 있다는 것이다. 어린이집 선생님이나 방과후교사, 바리스타, 네일 아티스트, 직업 상담사, 플로리스트, 이주민 여성 도우미, 숲 생태 해설사 등 찾아보면 할 일은 많다.
　　'잘하는 것도 없고 별로 하고 싶은 것도 없는데'라며 걱정하지 말자. 종교를 가진 사람이라면 아이 옆에서 성경을 읽든 불경을 필사하든 뭔가 할 일을 찾아 열심히 하면 되고, 헌옷이라도 쌓아놓고 조작조작 가위질해 뭔가 만들기라도 하면 된다. 그것도 아니라면 예쁜 야생화 사진이라도 들여다보며 세밀하게 따라 그려보기라도 하자. 그렇게 억지로라도 뭔가에 몰두하다 보면 잡념이 사라지고 차츰 실력도 붙어 더 전문적으로 배우고자 하는 욕심이 생기게 된다.

사십대 후반의 두 엄마가 있었다. 한 명은 자식들을 다 키워놓아 홀가분한 마음이고, 다른 한 명은 자식들이 떠난 빈자리가 허해서 우울증에 걸린 경우다. 홀가분한 마음의 엄마는 삼십대부터 틈틈이 자기가 좋아하는 한복 자수를 공부해왔는데 언젠가는 조그마한 가게를 여는 게 꿈이었다. 그래서 자식들이 떠난 지금 그 꿈을 이루게 되어 살맛이 나는 것이다. 반면 또 한 명의 엄마는 오로지 자식들과 남편만 바라보며 살아왔기에 자신한테는 아무것도 투자하지 않았다. 인생의 끝자락까지 남편, 자식과 더불어 살 거라는 생각에 아무 계획도 세워놓지 않은 것이다. 두 사람의 경우에서 보듯 꿈이 있고 없음에 따라 인생의 결과도 달라진다.

사람들은 인생을 마라톤에 비유하곤 한다. 외롭고 고단하지만 목표를 향해 끊임없이 달려가야 한다는 점에서 비슷한 부분이 있기 때문이다. 마라톤에는 골인 지점이 정해져 있기에 마라토너는 갈팡질팡 헤매지 않고 달려야 하는 목표를 가슴에 새기고 끝까지 달릴 수 있다. 이렇듯 인생에도 분명한 목표가 설정되어 있다면 도중에 지쳐 쓰러지더라도 다시 일어설 용기를 얻을 수 있다. 생각을 조금만 바꾸면 상황을 변화시킬 수 있다. 주변을 의식하며 불안해하지 말고 나와 아이만 바라보자. 내가 행복해지면 아이도 행복해진다. 아이들이 어렸을 때는 엄마 품이 제일이지만 사춘기 아이들한테는 엄마 품이 아니라 자유가 필요하다. 그러니 아이들이 어느 정도 자랐다면, 아이들의 시간은 과감히 아이들에게 맡겨두고 엄마의 미래를 준비하는 것이 현명하다.

아이를 들꽃으로
키워라

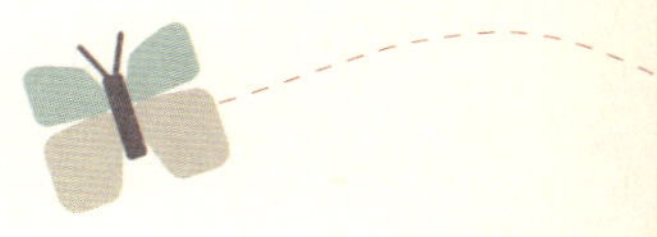

엄마들은 용감해져야 한다. 넘어져 우는 아이가 스스로 일어나도록 내버려둘 수 있는 용기. 공공장소에서 버릇없이 구는 아이를 엄하게 꾸짖을 수 있는 용기. 이웃집 아이가 잘못을 했을 때 부모의 마음으로 타이를 수 있는 용기. 아이가 준비물을 챙겨 가지 못했을 때 알아서 해결하도록 기다려줄 수 있는 용기가 필요하다. 엄마가 용감해지면 아이도 용감하게 세상을 헤쳐나간다.

두 아들에게 주려고 써놓은 편지 형식의 글이 몇 편 있다. 인생에는 정답이 없으니 너만의 스토리를 만들어가라는 내용이 대부분이다. 너만의 공부 스토리, 너만의 여행 스토리, 너만의 결혼 스토리, 너만의 육아 스토리, 너만의 인생 스토리를 써나가라는 것. 친구들이 학원에 올인할 때 너는 학교 수업에 충실하고, 공부는 스스로 계획해 하라는 것. 부당한 일 앞에서는 눈감거나 피하지 말고 네 생각을 분명히 말하라는 것. 정신은 육체에서 나오는 것이니 충분히 운동하고 잠자고 독서하고 사색하며 몸과 마음을 강하게 만들어가라는 것. 남들이 호텔이나 콘도에 머문다고 부러워 말고 너는 자연 속에 텐트를 치면 된다고, 남들이 비행기 타고 외국 여행 다닌다고 부러워 말고 너는 무궁화호 기차 타고 어느 먼 섬에 가서 모래에 몸을 묻고 하늘을 바라보면 된다고, 그렇게 너만의 스토리를 써가며 황소처럼 우직하게 한 발 한 발 걸어가라고, 그것이 인생이라고.

그렇게 편지로만 써놓은 것이 아니라 생활 속에서 어떻게 하면 내가 먼저 아이들에게 본을 보여줄지를 늘 고민하며 살아왔다. 비록 엄마인 나 역시 안개 속을 헤매듯 수없이 비틀거리고 방황하기도 했지만 그래도 끝까지 꿈을 포기하지 않고 한 계단 한 계단 나만의 스토리를 쌓아가고 있듯이, 아이들도 엄마처럼 자신들만의 인생 스토리를 써나가기를 바랐다.

그런 생각이 있었기에 나는 아이들을 더 넓은 세상으로 내보내는 것을 즐겼다. "지금이 어떤 세상인데!" 하며 다른 엄마들은 기겁하겠지만 나는 초등학교 5학년짜리 둘째 아이가 게임팩을 산다며 집에서 왕복 세 시간 거리인 용산을 오가는 것도 내버려뒀고, 어느 날 어떤 아저씨한테 돈을 몽땅 털리고 왔다며 울먹이는 것도 호들갑스레 받아주지 않았다. 다만 아이의 얘기를 들어주고 몇 마디 위로를 건넸을 뿐이다. 그 후로도 아이는 용산에 자주 갔지만 똑같은 일은 벌어지지 않았다.

온 가족이 함께 4년가량 아르헨티나에서 살다 왔기에 큰아이는 4학년부터, 작은아이는 2학년부터 초등학교에 다니기 시작했다. 자유롭게 초원을 뛰놀던 아이들이 한국 학교에 적응하기가 만만찮았을 것이다. 특히 큰아이는 답답한 교실에 오래 앉아 있는 것을 힘들어했다. 그리고 친구들이 이상하다며 투덜거리곤 했다. 애들이 입만 열면 욕지거리에 하는 얘기란 게 게

임이나 텔레비전 프로그램, 연예인들 얘기뿐이라고 했다. 수업에 집중하는 것은 자기뿐인 것 같다고도 했다. 다른 애들은 엎드려 자거나, 잡담하거나, 학원 숙제를 하거나, 그야말로 교실이 난장판이라는 거였다. 큰아이가 처한 상황이 어떨지 안 봐도 훤히 알 수 있었다. 어쩌면 그 아이들 눈에도 큰아이가 유별나 보였을 것이다.

그러던 어느 날 드디어 사건이 터지고 말았다. 큰아이가 씩씩거리며 학교에서 돌아왔다. 한 친구가 큰아이의 교과서 한 장을 부욱 찢어버렸다는 것이다. 나는 아이가 얼마나 속상할까 생각하며 아이를 안고 위로해줬다. 그리고 말했다.

"아이들이 또 그러면 분명히 말해. 그건 나쁜 일이라고."

"그래도 계속 그러면요?"

"그러면 선생님께 말씀드려, 알았지?"

큰아이는 엄마의 단호한 말에 적이 마음이 놓이는지 고개를 끄덕였다.

그 무렵에 그런 일이 다시 반복됐는지는 모르겠다. 어쨌든 아이와 나는 그 얘기를 다시 나눈 적이 없고, 아이는 별 탈 없이 학교에 잘 다녔다.

나는 아이들에게 준비물이 뭐냐고 숙제가 뭐냐고 물어본 적도 없고 시험 기간이 언제인지도 도통 관심이 없었다. 아침에 아이들을 소리쳐 깨워본 적도 없다. 아이들은 몇 번 지각도 하고 준비물을 안 챙겨 가 혼이 나더니 스스로 준비물이나 숙제를 잘 메모하고, 챙기고, 알람을 맞춰놓고 잤다. 시험 기간에도 엄마한테 돈이나 카드를 받아다가 서점에 혼자 가서 문제집을 사다 풀었다. 내가 아이들한테 해준 말이라곤 궁금한 것은 언제든 물어보라는 것 정도였다. 엄마한테든 아빠한테든 선생님한테든.

아이들은 부모가 짐작하는 것보다 상황 판단이 빠르다. 현실 적응력도 뛰어나다. 우리 아이들은 어렸을 때부터 뭔가를 얻기 위해 울며 떼쓴 적이 거의 없다. 아무리 떼를 써도 엄마가 들어주지 않는다는 것을 잘 알고 있었기 때문이다. 나는 가게에 가기 전에 무엇을 살 것인지 미리 아이들과 함께 결정해 메모하곤 했다. 그러다 보니 아이들도 충동적으로 뭘 사달라며 떼를 쓰지 않았다. 간혹 아이에게 꼭 갖고 싶은 물건이 생기더라도, 오늘은 결정한 물건들을 살 돈만 가져와서 다른 건 살 수 없다고 알아듣게 설명하면 아이들도 더 이상 고집을 피우지 않았다. 아이들은 부모의 생각만큼 어리지 않다. 오히려 어른들보다 더 빨리 깨닫고 이해한다.

엄마들은 용감해져야 한다. 넘어져 우는 아이가 스스로 일어나도록 내버려둘 수 있는 용기, 공공장소에서 버릇없이 구는 아이를 엄하게 꾸짖을 수 있는 용기, 이웃집 아이가 잘못을 했을 때 부모의 마음으로 타이를 수 있는 용기, 아이가 준비물을 챙겨 가지 못했을 때 알아서 해결하도록 기다려줄 수 있는 용기가 필요하다. 엄마가 용감해지면 아이도 용감하게 세상을 헤쳐 나간다.

동네 병원에 갈 때면 고등학생 자녀를 데리고 오는 엄마들을 종종 볼 수 있다. 심각한 병이 아니라 감기나 눈병 정도의 가벼운 증상에도 엄마들이 따라다니는데 그런 엄마들을 볼 때면 언제 아이들을 독립시킬지 궁금해진다. 그 엄마들은 아이를 평생 품안에 두고 싶은 것인지도 모르겠다. 아이가 대학생이 되면 수강 신청을 대신 해주고 스펙 관리를 해주고, 취직하면 차로 직장까지 출근시켜주고, 결혼할 배우자를 골라주고, 나중에는 손자손녀들까지 다 자기 손으로, 자기 방식대로 키우고 싶어 할지도 모르겠다. 아이도 생각이 있고, 계획이 있고, 실행할 능력이 있는 성인이라는 것을 엄마만 부정하고 있는지도 모른다. 그렇게 모든 것을 다 챙겨주다가 자신이 죽은 다음엔 누구한테 그 '소중한 아이'를 부탁할지 자못 염려스럽다.

온실 속 화초는 외양은 화려하고 풍성하나 거친 비바람에 노출되면 금세 시들고 만다. 부모가 아무리 아이를 온실 속 화초처럼 보호해주고, 아이의 미래를 위해 만반의 준비를 해놓았다 해도 긴 인생길에는 언제나 고난과 위기가 기다리고 있다. 아이를 위한다면 아이 스스로 시행착오도 해보고 시련도 겪어보며 자라게 해야 한다. 들꽃처럼 비바람과 뙤약볕에 시달리며 강하게 살아남는 법을 터득하게 해야 한다. 부모가 할 일은 한 걸음 뒤로 물러나 아이를 지켜보는 것이다. 손을 내밀어 도와주고 싶은 맘을 다잡고 의연하게 아이 스스로 좌절 속에서 일어서는 모습을 지켜볼 수 있어야 한다.

아이들은 강하다. 부모의 욕심이 강하고 독립적인 아이를 소극적이고 무능한 아이로 만들어버리는 것이다. 그러니 불안하더라도 아이를 믿고 기다려주자.

섣부른 칭찬은
아이에게 오히려 독이다

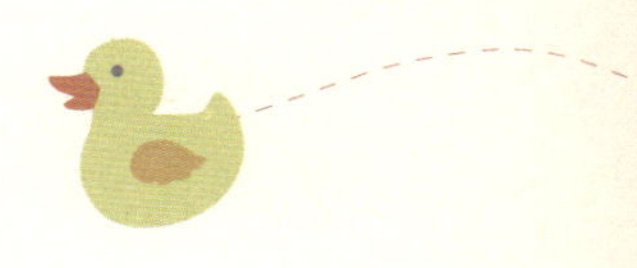

아이들도 어느 정도 자라면 칭찬에 담긴 뜻을 다 알게 된다. 칭찬 속에 숨겨진 부모의 의도를 파악하고 부담을 느끼거나 부모가 자신의 행동을 통제하려고 칭찬을 사용한다는 것을 알고 거부감을 갖기도 한다. 그러므로 칭찬도 섣불리 해서는 안 된다. 적기의 적절한 칭찬이어야 부모 자식 간의 유대를 튼튼히 하는 데 도움이 된다. 아이가 이뤄낸 결과만 칭찬할 것이 아니라 아이가 흘린 땀방울에 더 박수를 보내야 하는 이유다.

아이들이 차분하고 공부도 잘하는 편이라 주변에서 똑똑하고 야무지다는 칭찬을 많이 듣고 자랐다. 특히 큰아이는 우리가 살고 있는 지역에서 꽤나 유명세를 치른 터라 모르는 사람들한테서도 아이의 얘기를 듣는 경우가 많았다. 정작 나도 모르는 아이의 성적에 대해 낯선 엄마들이 전화를 해오는 경우도 있었고 무슨 학원에 다니며 교재는 무엇으로 공부하는지 묻는 엄마들도 있었다. 나는 한껏 기분이 들떠 우리 아이가 천재가 아닐까 생각하며 즐거워하기도 했다. 그런데 어느 날 칭찬만 받고 자란 아이가 실패에 대해 어떻게 좌절하는지를 옆에서 지켜보며 칭찬도 섣불리 해선 안 된다는 것을 절감했다. 남들보다 짧은 기간에 여러 가지를 성취해낸 아이는 영재학교 입시에서 실패를 겪게 되자 거의 한 달을 방 안에 틀어박힌 채 종일 게임만 해댔다. 우리는 속수무책으로 아이를 지켜볼 수밖에 없었다. 온갖 좋은 말로 위로와 격려를 해주며 방 밖으로 끌어내려 해도 아이는 꼼짝도 않고 하루 종일 컴퓨터 앞에 늘어져 있었다. 안타까운 마음에 아이를 설득하고 또 설득해 겨우 정신과에 데려갔다. 상담 결과는 어느 정도 예상한 대로였다. 칭찬만 받고 자란 아이들의 특성대로, 큰아이는 다시 실패할까 두려워 아예 도전조차 하지 않으려는 것이었다.

부모들은 대개 아이가 뭔가를 잘하면 그 결과를 가지고 칭찬한다. 과정과 노력에 대한 칭찬보다는 결과를 놓고 흥분하며 아이를 평가하는 것이다. 하지만 결과만으로 아이를 자꾸 칭찬하다 보면 아이들은 과정과 방법은 중요시하지 않고 오로지 결과만을 위한 삶을 살게 된다. 그리고 다른 여러 가지 부작용도 겪게 된다.

캐럴 드웩(Carol Dweck) 교수와 컬럼비아 대학교 연구 팀이 '칭찬의 역효과'를 알아보기 위해 실험을 했다. 초등 5학년생 500명을 대상으로 간단한 퍼즐 문제를 풀게 한 뒤 학생들에게 점수를 알려줄 때 두 가지로 나눠서 칭찬을 해줬다. A집단에게는 '영리하고 똑똑하게 문제를 풀었다'며 지능을 칭찬했고, B집단에게는 '정말 열심히 노력했구나' 하며 노력과 과정을 칭찬했다. 그런 다음 두 집단을 상대로 두번째 실험을 진행했다. 어려운 퍼즐 문제와 쉬운 퍼즐 문제 중 하나를 아이들에게 선택하라고 했더니 지능을 칭찬받은 A집단의 학생들 중 70퍼센트가 쉬운 문제를 골랐다. 반면 B집단 학생들은 90퍼센트가 어려운 문제를 선택했다.

드웩 교수는 이 실험 결과를 다음과 같이 분석했다.

"지능을 칭찬받은 학생들은 어려운 문제에 도전했다가 실패해 영리하다는 주위의 기대를 저버리게 될까봐 걱정한다. 반면 노력을 칭찬받은 학생들은 성공이 아니라 과정과 도전에 관심이 생겨 자신이 얼마나 노력했는지를 증명하고 싶어한다."

연구 팀은 세번째 실험에서는 5학년 수준보다 2년 앞선 아주 어려운 문제를 아이들에게 제시했다. 물론 두 집단의 아이들 모두 문제를 해결하는 데는 실패했다. 하지만 두 집단의 반응이 달랐다. 지능을 칭찬받은 아이들은 실패한 이유를 자신이 사실은 똑똑하지 않았기 때문이라며 실패 원인을 자신의 능력에서 찾았다. 반면 B집단의 아이들은 실패한 이유를 자신이 충분히 집중하지 않았기 때문이라며 부족한 노력에 대해 이야기했다.

시험문제를 푸는 태도도 서로 상반되게 나타났다. 노력을 칭찬받은 아이들은 적극적으로 문제를 풀면서 해결을 위해 온갖 노력을 했고, 문제는 풀지 못했지만 그 과정을 즐기면서 자신감을 잃지 않았다. 하지만 지능을 칭찬받은 아이들은 자신이 문제를 풀어낼 실력이 없다고 생각해 문제에 집중하지 못했고 결국 자신감까지 상실했다.

네번째 실험에서는 다시 학생들의 수준에 맞는 문제를 두 집단 모두에게 제시했다. 여기에서 두 집단의 결정적인 차이가 드러났다. 지능을 칭찬받은 집단은 첫 시험에 비해 점수가 20퍼센트가량 하락했지만 노력을 칭찬받은 아이들은 점수가 30퍼센트나 상승했다.

마지막 실험에서 드웩 교수는 두 집단의 아이들에게 정답을 맞힌 문제의 개수를 스스로 기록하게 했다. 노력을 칭찬받은 아이들은 단 한 명만 제외하고는 성적을 사실대로 기록했지만 지능을 칭찬받은 아이들은 그중 40퍼센트가 거짓으로 점수를 기록했다.

드웩 교수의 실험에서 드러났듯이, 노력을 강조하면 아이들은 자신의 힘으로 해낼 수 있다고 생각하지만 지적 능력을 강조하면 자신의 힘으로는 해결할 수 없다는 한계를 스스로 규정해버린다. 똑똑하다고 칭찬받은 아이들은 매 순간 자신이 완벽해야 한다고 생각해 칭찬해준 사람의 기대에 어긋나지 않으려고 때로는 거짓말까지 하는 심리적인 압박감을 느끼는 것이다. 선부른 칭찬이 아이를 얼마나 힘들게 하는지를 이 실험이 여실히 보여주는 셈이다.

그렇다면 효과적으로 칭찬하려면 어떻게 해야 할까.

첫째, 앞의 실험에서도 살펴봤듯이 결과보다 과정을 칭찬해야 한다. "참 잘했구나"보다는 "열심히 노력하더니, 이런 결과를 얻었구나"라고 말해주는 것이 좋다. 막연하게 칭찬하기보다는 칭찬받을 만한 자세한 내용을 이야기해줘야 한다. 예를 들어 그냥 "대견하구나"보다는 "옷걸이에 옷을 걸어놓다니, 참 대견하구나"라고 칭찬해준다.

둘째, 칭찬에도 적기가 있다. 상황이 다 끝난 다음에 칭찬을 하면 아이들은 감동을 느끼지 못한다. 특히 어린아이들은 그때그때 바로 반응해주며 구체적으로 칭찬해줘야 한다. "혼자서 장난감을 다 치웠구나!", "혼자 양치도

했어?”, “혼자서 물컵도 씻어놓았네. 다 컸구나!”라고 반응해주면 아이는 더 칭찬받기 위해 보다 바른 행동을 하게 된다.

셋째, 칭찬과 보상을 연관 지어서는 안 된다. 예를 들어 책을 거부하는 아이에게 책 한 권씩 읽을 때마다 오백 원씩 주겠다고 약속을 하면, 아이는 책이 좋아서라기보다는 돈을 받는다는 것에만 목적을 두고 건성으로 책을 읽게 된다. 그러다 돈이라는 보상이 사라지면 다시 원점으로 돌아가 책을 멀리하게 된다. 아이가 스스로 책을 읽게 하려면 보상보다는 엄마가 아이를 무릎에 앉혀 놓고 구연동화 형식으로 재미있게 책을 읽어주는 것이 한결 효과적이다. 책을 함께 읽으며 책 내용으로 이야기도 나누고 칭찬도 곁들인다면, 아이는 책이 재미있고 유익하다는 것을 인식하게 되어 장난감처럼 책을 손에서 놓지 않게 된다.

넷째, 칭찬은 여러 사람 앞에서 공개적으로 해줄 때 효과가 더 좋다. 나의 경우엔 아빠나 할머니께 보여드리자며 아이들과 함께 그림을 그리고, 동시를 쓴 다음 아빠와 할머니 앞에서 발표하게 했다. 가끔 친척 모임에 갈 때면 잘할 수 있는 악기 연주나 태권도 시범을 보이게 해서 여러 사람으로부터 잘한다고 칭찬을 듣게 했는데, 그것이 아이들의 자신감을 키워주고 남 앞에서 발표하는 것을 두려워하지 않게 만든 것 같다. 통계적으로도 칭찬을 많이 받는 아이들은 자긍심이 높아 뭐든 스스로 하려는 욕심을 내게 된다.

엄마와 함께 역할극을 하며 기본예절을 몸에 익혀두는 것도 칭찬받는 아이가 되기 위한 좋은 방법이다. 어른들께 공손히 인사하기, 먹은 그릇은 싱크대에 가져다 놓기, 집 안에서는 뛰어다니지 않기, 친구들과 장난감을 공유하며 사이좋게 놀기 등을 가르치면 아이들은 배운 대로 행하게 되고 어디에 가든 사랑받는 아이가 될 수 있다.

칭찬이 얼마나 중요한지를 보여주는 실험이 있다. 어느 방송국에서 밥 두 그릇을 담아놓고 아침마다 아나운서들에게 말을 하도록 시켰다. 한쪽 밥에는 '넌 참 좋아, 넌 참 예뻐, 고마워, 사랑해' 같은 칭찬의 말을 하도록 하고, 한쪽 밥에는 '넌 미워, 넌 싫어, 넌 나쁜 애야, 넌 뭐든지 못하는구나' 등의 부정적인 말을 하도록 했다. 한 달 후에 두 밥그릇을 비교해보니 놀라운 결과가 나타났다. 칭찬만 들은 밥그릇에는 냄새도 별로 없는 하얀 곰팡이가 피었고, 부정적인 말만 들은 밥그릇에는 냄새 고약한 검은 곰팡이가 잔뜩 피어 있었다.

말에도 파장이 있어서 고운 말을 사용할 때는 부드럽고 온화한 기운이 전해지고, 부정적이고 나쁜 말을 할 때는 날카롭고 냉랭한 파장이 일어나는 것이다. 그러므로 누군가에게 말을 할 때는 그 영향이 지대하다는 것을 인식하고 한마디 말이라도 신중을 기해야 한다.

칭찬은 고래도 춤추게 한다는 말이 있다. 아이들도 칭찬받고 인정받을 때 자존감이 높아져 행복감을 더 많이 느끼고 더 잘하려는 노력을 하게 된다. 아이가 아무것도 잘하는 것이 없어 칭찬할 거리가 없다고 불평만 하지 말고, 아이가 건강하게 곁에 있는 것만으로도 감사한 마음으로 칭찬거리를 찾아보자. "고마워. 엄마가 만들어준 밥 맛있게 먹어줘서", "네 손가락, 참 길고 예쁘다!", "네 전화 목소리 참 듣기 좋아. 누구든 너한테 전화 받으면 기분 좋아지겠어”, “운동 며칠 했다고 살이 단단해졌네! 조금만 더하면 완전 몸짱 되겠는데!”

아이가 몇 점을 받는지, 몇 등 올랐는지에만 관심을 기울이지 말고 아이가 듣고 싶어 하는 말을 해준다면 아이는 알아서 공부도 잘하게 된다. 엄마가 아이를 공부시키려는 의도를 가지고 “넌 똑똑하니까 조금만 더 하면 충분히 일등 할 수 있어”라거나 “100점 맞았네? 정말 잘했다!” 같은 평가를 내포한 칭찬만 해준다면 아이는 부담감을 느끼고 실패에 대한 두려움을 갖게 된다.

아이가 어느 정도 자라면 칭찬에 담긴 뜻을 다 알게 된다. 칭찬 속에 숨겨진 부모의 의도를 파악하고 부담스러워하거나 부모가 자신의 행동을 통제하기 위해 칭찬을 사용한다는 것을 알고 거부감을 갖기도 한다. 따라서 칭찬도 섣불리 해서는 안 된다. 적기에 적절히 칭찬을 해줌으로써 부모 자식 간의 유대를 더 튼튼히 하는 데 도움이 되도록 해야 한다. 그러니 아이가 이뤄낸 결과물만 칭찬할 것이 아니라 아이가 그동안 흘린 땀방울에도 박수를 보내주도록 하자.

머리보다 마음이
단단한 아이로 키워라

아이들을 자유롭게 놔두라고 말하면 엄마들은 불안해한다. 금쪽같은 내 새끼가 엄마 품을 떠나면 당장 무슨 일이라도 당할 것 같아 좌불안석이다. 학교, 학원, 집, 정해진 코스로만 다녀야지 아이가 말도 않고 잠시 어디라도 다녀오면 큰일이라도 벌어진 듯 아이를 야단친다. 그렇게 부모가 금이야 옥이야 단속하고 지킨다고 해서 아이들이 평생 안전하게 살 거라고 누가 장담할 수 있는가.

지인 중에 재산이 아주 많은 사람이 있다. 그런데도 그에게선 돈 냄새가 전혀 나지 않는다. 오히려 평범한 우리가 더 있어 보인다. 우리는 그래도 모임에 나갈 때면 옷이며 가방에 신경을 쓰고 때로는 음식 값도 서로 내겠다며 실랑이를 벌이기도 하는데, 그는 줄기차게 손때 묻은 낡은 천 가방을 들고 다니고 자기가 먹은 음식 값만 달랑 식탁에 올려놓곤 한다. 그것에 대해 왈가왈부할 정도로 속 좁은 우리는 아니지만 그래도 가끔은 자린고비가 따로 없다며 고개를 젓기도 한다.

그에겐 고등학생인 외아들이 있다. 아이는 늘 목이 늘어난 티셔츠에 낡아빠진 운동화를 끌고 다닌다. 친구들이 아이스크림을 먹을 땐 돈이 없어 구경만 하고 친구들이 우르르 피시방에라도 갈라치면 혼자 학원에 남아 있다. 다행히 아이가 공부도 제법 잘하고 성격도 좋아 왕따는 면하고 있지만 보는 사람이 딱할 정도로 궁상스럽게 지낸다. 부모는 외아들을 강하게 키우고 돈 귀한 줄 알게 하려고 일부러 그러는 것이겠지만, 먹고 싶은 아이스크림도 맘대로 못 먹는 아이는 무슨 죄인가 싶어 마음이 짠해지기도 한다.

지인처럼은 못하지만 나 역시 근검절약을 몸소 실천하려고 노력한다. 먹고살 만한데도 아직도 명품백 하나 내 손으로 사본 적 없고 백화점의 비싼 옷보다는 값싸고 질 좋은 시장 옷을 더 선호한다. 아이들한테도 어려서부터 이면지를 모아 그림을 그리게 하고 아빠 옷을 줄여 입히고 친척들에게 책이며 옷이며 장난감을 물려받아 썼다. 금세 자라는 아이들에게 비싼 옷, 비싼 장난감을 사주는 것은 낭비라고 생각했기에 싸고 튼튼한 물건을 찾아 부지런히 발품을 팔았다. 10년 넘게 탄 자동차도 정이 들어 바꾸지 못하고 결혼할 때 마련한 그릇들도 아직까지 사용하고 있다. 모두가 나처럼 아끼고만 산다면 경제가 어떻게 돌아갈까 싶기도 하지만 어려서부터 어머니에게 보고 배운 것이 그러니 뭐든 쉽게 버리지를 못한다.

내가 그러니 두 아들 역시 알게 모르게 절약이 몸에 배어버렸다. 아이들은 고등학생이 다 되어서야 휴대폰을 사줘도 그리 불평하지 않았고 용돈을 부러 적게 줘도 별로 군소리를 하지 않았다. 친구들이 유명 브랜드 점퍼를 입거나 운동화를 신어도 부러워하거나 사달라고 떼를 쓴 적이 없다. 그런 것에 연연하지 않고 당당해서 그런지 시장 물건에 붙은 낯선 상표를 보고 친구들이 어느 나라에서 사온 것이냐고 물어본다며 재미있어했다. 그렇게 알아서 절약하는 아이들이 대견하면서도 가끔은 미안한 생각이 들어 큰맘 먹고 비싼 것을 사주려 해도 이제는 저희가 되레 손사래를 치며 돈 아끼

IMPOSSIBLE

라고 말해준다.

그렇다고 우리가 무조건 아끼기만 하는 건 아니다. 나는 백 마디 말보다 한 번의 경험이 더 중요하다고 생각하기 때문에 아이들에게 적극적으로 여행을 권한다. 여행만큼 좋은 교육은 없기 때문이다. 아이들은 배낭을 메고 스스로 일정을 체크해가며 비행기와 기차를 갈아타고, 낯선 곳에서 밤을 보내며 보다 담대해진다. 자신의 안전은 스스로 지켜야 한다는 것을 체득하고, 인생은 저 혼자 개척해나가야 한다는 것도 깨닫는다. 세상이 얼마나 넓은지, 사람들이 얼마나 각양각색으로 살고 있는지, 직접 눈으로 보고 겪으면서 마음의 경계를 허물고 그들과 어떻게 어울려 살아갈지를 생각하며 보다 큰 비전을 갖게 된다.

4년간의 아르헨티나 생활과 몇몇 나라를 돌아보면서 나는 공통점 한 가지를 발견했다. 선진국이라 불리는 나라의 국민들은 참으로 검소하다는 것과 당당하다는 점이다. 그들은 몸이 불편하거나 가진 게 많지 않아도 열등감 없이 밝고 건강하게 삶을 즐긴다. 구멍 난 셔츠를 입고 있어도, 실밥이 터진 낡은 가방을 메고 다녀도 남의 시선에 구애받지 않고 자유로웠다. 우리 눈에는 답답해 보일 정도로 매사에 느긋했지만 매뉴얼에 따라 꼼꼼히 일을 처리해나간다는 것도 실감했다.

외국에 살 때 아이들 학교에 갈 일이 생기면 제일 멋지게 차려입고 명품백을 들고 나타나는 사람들은 한국 엄마들이었다. 우리는 학교에 갈 때면 빈손으로 가야 할지 아니면 뭘 들고 가야 할지 며칠을 고민하지만 서양 엄마들을 보면 저리 해도 되나 싶을 정도로 자유롭고 자연스러웠다. 운동하다 말고 온 것처럼 티셔츠에 반바지 차림으로도 거리낌 없이 학교를 오갔고, 선물이라고 주고받는 것도 집에서 만든 컵케이크나 손수 만들었다는 머그컵 한 개, 앞치마 한 장 정도로 부담 없는 것들이었다. 그럼에도 그들은 활기차고 명랑했다. 그들과 비교하면 우리는 훨씬 멋지고 부유해 보였는데도 그들보다 자신감이 부족했던 이유는 무엇이었을까.

우리나라는 유사 이래 이토록 풍요로운 때가 없었다. 그런데도 하나같이 행복하지 않다고 말한다. 사람들은 너나없이 방향을 잃고 고통스럽게 살고 있다. 지나친 사교육으로 공부 의욕을 상실해버린 아이들, 무한경쟁에 내몰려 열등감과 무기력증에 빠져버린 젊은이들, 욕심대로 따라주지 않는 자녀들 때문에 속앓이를 하는 부모들, 아이들 교육과 결혼 뒷바라지에 빈털터리가 된 노인들까지 모든 사람이 불안, 초조, 강박, 열등의식에 사로잡혀 불행하게 살고 있다. 불안감과 열등감에서 비롯된 허세와 겉치레, 해도 안 된다는 체념 의식이 사회 전반에 무겁게 깔려 있다. 불행하지 않아도 될 삶을 스스로 자초해가며 불행으로 몰아가고 있는 것이다.

그 원인은 아마도 마음이 단단하지 못해서인 듯하다. 마음이 단단해지려면 우선 마음근육을 키워야 한다. 우리가 운동으로 몸의 근육을 키우듯 마음근육도 훈련을 통해 키울 수 있다. 명상이나 마인드 컨트롤을 통해 외부 환경에 좌우되지 않는 긍정적인 마인드를 유지하는 것이 중요하다. 마음이 단단해지면 정서적으로 안정이 되어 주어진 일에 몰입할 수 있고, 좋은 결과를 내게 되어 자기효능감도 높아진다. 그래서 결국 자존감이 높아지고 행복한 삶을 살 수 있다.

아이들 역시 행복감을 느끼게 하려면 어려서부터 마음근육을 키워줘야 한다. 그러려면 먼저 아이를 대하는 부모의 태도부터 달라질 필요가 있다. 어려서부터 일상에서 크고 작은 실패와 좌절도 겪게 하고 원하는 것을 얻기 위해선 기다리는 것도 경험하게 해야 한다. 가정에서만큼은 냉정하게 점수로, 숫자로 아이를 평가하지 말고 있는 그대로 아이를 바라보고 사랑해줘야 한다. 아이와 나누는 대화도 공부나 성적에 국한된 것이 아니라 사랑, 행복, 나눔, 감사, 존중, 배려 같은 단어들을 많이 사용하고, 아이가 좋아하는 책과 음악에 대해 얘기를 나누고, 여행하고 싶은 곳, 하고 싶은 일에 대해 의논한다면 아이들의 내면은 훨씬 안정되고 풍요로워질 것이다.

나는 아이들과 함께 하는 일에선 대개 아이들에게 선택권을 준다. 외식을 하거나, 영화관에 가거나, 여행을 계획할 때면 아이들에게 먼저 자료를 찾아보게 하고 설명도 해보라고 말한다. 아이들의 설명이 합당하면 의견을 존중해주고, 설명이 부족하면 내 의견을 덧붙여 아이들의 생각을 다듬어준다. 어려서부터 부모와의 신뢰를 기반으로 교감하고 소통하면, 아이들은 안정감을 느끼고 스스로의 능력을 신뢰하며 자신감 있게 주어진 일을 처리해나갈 수 있다고 믿기 때문이다.

아이는 부모가 보고 믿는 대로 변화한다. 아이를 믿고 인정해주면 그 믿음 그대로 믿음직스러운 사람이 되고, 아이를 믿지 못하고 인정해주지 않으면 그 생각대로 불안정하게 자란다. 한 엄마는 말이 씨가 된다는 말을 철석같이 믿어서, 아이가 말썽을 너무 심하게 피울 때면 엉덩이를 때려주며 "이 박사가 될 사람아!"라거나 "이 천사 같은 사람아!"라고 말한다고 한다. 아이가 게임에 빠져 있을 때는 "아이고, 우리 게임 박사님! 뭐든 열심히 하니까 예쁘네요"라며 오히려 부추겨준다고 한다. 그 말이 씨가 되어 아이가 박사가 될지 어떨지는 모르겠지만 그나마 부정적인 말보다는 아이가 듣기에 나을 것 같긴 하다. 인생의 고비를 만났을 때 한 걸음 더 내딛기 위해 필요한 것은 똑똑한 머리가 아니라 단단한 마음근육임을 잊지 않았으면 좋겠다.

엄마에게도
엄마가 필요하다

엄마라는 존재가 신은 아니지만 때로는 상황이 그렇게 만들기도 한다. 엄마들은 강해질 수밖에 없다. 가녀린 어깨 위에 얼마나 많은 짐을 지고 있는가. 슈퍼우먼처럼 악착같이 살 수밖에 없지만 엄마도 때로는 눈물도 흘리고, 힘들다고 투정도 부릴 줄 알아야 한다. 완벽한 엄마라는 틀 속에 자신을 가두고 몰아가다 보면 어느 날 속으로 곪아 있는 자신을 발견하게 되고 치유할 수 없는 외로움에 가슴을 칠지도 모른다.

"엄마가 먼저 행복해져야 아이의 행복도 커진다."

미국 심리학자 토니 험프리스(Tony Humphreys)의 말이다. 요즘 엄마들은 바쁘다. 직장 생활 하느라, 주부로, 엄마로, 아내로, 며느리로, 딸로 하루하루를 사느라 정신이 없다. 아직 어린 아이들에게 엄마는 완벽한 사람이며 든든한 버팀목이다. 그러므로 엄마는 못하는 것도 없고 모르는 것도 없어야 한다. 언제부턴가 아침에 일어날 때면 종종 두려움을 느꼈다. 내 앞에 펼쳐진 새날을 어떻게 보내야 할지 걱정이 앞섰기 때문이다. 아이들이 어렸을 때는 엄마 노릇이 힘들긴 해도 두렵진 않았다. 그런데 아이들이 사춘기에 접어들면서부터는 엄마 노릇에 점점 자신이 없어졌다. 전봇대 같은 아이들이 주변에서 서성거리면 내 자신이 자꾸만 작아지고 초라해져 어딘가로 숨어들고 싶었다. 그동안 신념처럼 아이들에게 주지시켰던 말들과 내 행동의 괴리가 부끄러웠고, 정신없이 변해가는 세상과 등지고 사는 내 삶이 아이들에게 어떤 영향을 미칠 것인지도 염려스러웠다.

아이들은 모든 것을 궁금해했다. '나는 왜 태어났을까', '무엇을 위해 사는 걸까', '왜 누구는 행복하고 누구는 불행한 것일까', '신이 있다면 세상이 왜 이리 불공평할까', '죽은 다음엔 어떻게 되는 걸까'…

아이들의 질문에 아는 대로 성의껏 답해주긴 했지만 내 대답에 나 스스로도 확신을 가질 수 없을 때가 많았다. 나 역시 여전히 헤매고 있고 세상이 왜 이런지 답을 모르는데 어떻게 아이들에게 명확한 답을 줄 수 있겠는가.

김수환 추기경은 생전에 사람들이 어떻게 살아야 하는지를 물으면 미소 지으며 이렇게 답했다고 한다.

"나도 모릅니다. 그러니 늘 정진해야지요."

그분처럼 나도 아이들에게 "엄마도 모르겠어. 미안해"라고 말하곤 했지만, 한창 감수성 예민한 아이들의 길잡이가 되어주지 못하는 것에 늘 마음이 무거웠다.

장편소설을 쓰고 있을 때였다. 날마다 방 안에 틀어박혀 자판을 두드려대고 있는데 큰아이가 문을 열고 들여다보며 이렇게 말했다.

"엄마, 요즘 밖에 꽃들이 정말 장난 아니에요! 다들 꽃구경한다고 난린데 엄만 왜 그렇게 방에만 있어요?"

“글 쓰잖아.”

“그니까요, 아무도 읽어주지 않는데 뭐 하러 그렇게 힘들게 글만 쓰냐고요. 엄마도 이제 다른 아줌마들처럼 꽃구경도 다니면서 재밌게 좀 사세요.”

엄마를 생각해 해준 말이겠지만 “아무도 읽어주지 않는데”라는 말이 날카롭게 심장을 찔렀다. 그 말 한마디에 고고한 척 버텨오던 삶이 한순간에 무너져버렸다. 아들의 말처럼 나는 왜 이렇게 화창한 봄날에 죄인처럼 틀어박혀 사는 것일까. 아무도 읽어주지 않는 글을 뭐 하러 이렇게 아등바등 쓰고 있는 것일까. 내 자신이 너무 초라하고 불쌍한 존재처럼 느껴졌다.

아무 말도 없이 손끝만 내려다보며 앉아 있자 아들은 말실수를 깨달은 듯 머뭇머뭇 눈치만 살피며 서 있었다. 나는 겨우 마음을 추스르고 한 자 한 자 힘주어 말했다.

“누가 읽어주든 안 읽어주든 엄마는 상관없어. 내가 좋아서 하는 일이니까.”

“알았어요, 엄마. 글 계속 쓰세요.”

아들은 얼른 문을 닫아주었다.

그날 이후로 내 마음은 여간해선 행복해지지 않았다. 글을 쓸 이유도 목적도 사라져버린 듯 한동안 컴퓨터 근처엔 가지도 않았다. 밖으로 나가 오랜만에 만난 친구들과 수다도 떨고 쇼핑도 하러 다녔다. 하지만 마음은 텅 빈 듯 허전했다. 어느 날 라디오에서 〈거위의 꿈〉이라는 노래가 흘러나왔다. 전에도 듣긴 했지만 마치 그날 처음 듣는 것처럼 가사 한마디 한마디가 마음을 울렸다.

“난 꿈이 있었죠. 버려지고 찢겨 남루하여도 내 가슴 깊숙이 보물과 같이 간직했던 꿈. 그래요, 난 꿈이 있어요. 그 꿈을 믿어요. 나를 지켜봐요. 저 차 갑게 서 있는 운명이란 벽 앞에 당당히 마주칠 수 있어요. 언젠가 나 그 벽을 넘고서 저 하늘을 높이 날을 수 있어요.”

가사를 베껴 써놓고 몇 번이나 부르며 눈물을 흘렸는지 모르겠다. 울고 나니 어느 정도 마음이 치유된 듯 다시 기운이 났다. ‘내가 좋아하는 일을 하 며 산다는데 누가 뭐래!’ 하며 예전처럼 다시 자판을 두드리며 행복해했다. 아이들 앞에서도 이제 맘껏 눈물도 흘리고 서운한 감정도 내비치며 살기로 했다. 그동안 강한 엄마가 되기 위해 부단히 노력해왔지만 이제 내 마음을 있는 그대로 표현하며 살기로 했다.

게임에 빠진 아이와 말다툼을 벌이다가 너무 힘들어서 처음으로 눈물을 보이던 날, 아이들은 당황하며 어쩔 줄 몰라했다. 그러더니 울고 있는 엄마 에게로 와 어깨를 도닥이며 위로해줬다. 그제야 아이들은 엄마도 한 인간이 고, 인간이기에 완벽할 수 없고, 눈물 흘리는 나약한 존재임을 인식하기 시 작했다. 그러자 아이들과의 관계도 훨씬 부드러워졌다.

이 세상 모든 엄마들은 가족들에게 존중받고 사랑받길 원한다. 그래서 엄마들은 가사, 요리, 육아, 자녀교육, 재테크 등 거의 모든 면에서 완벽한 모습을 보이기 위해 동분서주한다. 아파도 누워 있을 여유조차 없다. 어떻 게든 다시 일어나 주어진 온갖 역할을 해내야 한다. 내가 움직이지 않으면 세상이 정지해버릴 거다, 집 안은 난리가 나고, 아이들은 하루 종일 쫄쫄 굶을 테고, 남편은 옷도 제대로 입지 못한 채 회사에 출근할 거다, 모두 나만 바라보고 있다, 내가 무너지면 안 된다, 이런 생각들로 악바리처럼 살아내지만 정작 나한테 고맙다고 말해주는 사람은 많지 않다. 그래서 자꾸만 더 외로워진다.

슈퍼우먼처럼 강해 보이는 사람들도 속내를 들여다보면 상처로 얼룩져 있다. 결과가 좋아야 한다는 압박감과 아이들에게 더 잘해주지 못했다는 죄책감, 아무리 애써도 인정받을 수 없다는 자괴감에 시달린다. 더 이상 버텨낼 수 없을 것 같아 초조하고, 아무것도 포기하지 못하는 자신에게 분노를 뿜어내기도 한다. 그러다 보니 매사에 불만투성이고 짜증이 난다. 마음은 그렇지 않은데 아이들에게 툭하면 잔소리에 신경질만 부리게 된다.

그렇게 불안정한 엄마 밑에서 아이들 역시 불안감과 초조감에 시달린다. 아이들은 엄마의 사랑을 얻기 위해 눈치 빠르게 집 안을 치우거나 책을 읽거나 공부를 한다. 엄마의 비난과 체벌이 두려워 말이 떨어지기도 전에 알아서 순종한다. 아이는 이제 속 깊은 애어른이 되어 엄마의 마음을 위로해주기도 하고 엄마 대신 동생을 돌보기도 한다. 엄마는 아이가 아이답지 않고 어른스러운 것이 그렇게 대견할 수가 없다. 자신이 아이를 잘 키워서 그렇다며 은근히 자랑하기도 한다. 아이 마음속에 상처가 있을 거라고는 꿈에도 생각하지 못한 채.

엄마라는 존재가 신은 아니지만 때로는 상황이 그렇게 만들기도 한다. 엄마들은 강해질 수밖에 없다. 가녀린 어깨 위에 얼마나 많은 짐을 지고 있는가. 누구도 대신해줄 수 없는 엄마라는 자리. 슈퍼우먼처럼 악착같이 살수밖에 없지만 엄마도 때로는 눈물도 흘리고, 힘들다고 투정도 부릴 줄 알아야 한다. 완벽한 엄마라는 틀 속에 자신을 가두고 몰아가다 보면 어느 날 속으로 곪아 있는 자신을 발견하게 되고 치유할 수 없는 외로움에 가슴을 칠지도 모른다.

조금 모자란 듯 빈틈도 보여가며 가족의 어깨에 기댈 수 있는 엄마가 되어보라고 말하고 싶다. 엄마도 사람이고 여자다. 때로는 눈물도 흘리고 꽃처럼 예쁘게 웃을 줄도 안다. 그러기 위해선 엄마 스스로 슈퍼우먼 콤플렉스에서 벗어날 필요가 있다. 스스로 벗어나기 어렵다면 자신을 이해하고 위로해줄 도움의 손길을 찾아야 한다. 부족해도 괜찮다며 어깨를 도닥여줄 나만의 '엄마'가 필요한 것이다. 그 '엄마'는 남편이 되어줄 수도 있고, 친정 엄마가, 종교 지도자가, 전문 상담사가 될 수도 있다. 손가락만한 '걱정인형'이 대신해줄 수도 있고, 엄마 스스로 또 다른 '엄마'가 되어 마음속 얘기를 들어줄 수도 있다.

이제 앞으로 내달리기만 했던 걸음을 멈추고 주변을 돌아보자. 세상에는 꽃들이 만발해 있다. 산수유, 목련, 철쭉, 조팝꽃, 라일락이 각자의 모양대로 각자의 향기를 내뿜고 있다. 언제 그 꽃들을 하나하나 들여다본 적이 있었나. 언제 그 향기를 하나하나 맡아본 적이 있었나. 무엇을 위해 그리도 바삐 살아왔을까. 모든 것을 내려놓고 꽃그늘에 앉아 눈을 감아보자. 나뭇잎 사이로 아롱져 내리는 햇살 속에 몸을 맡겨보자. 뺨을 스치고 지나가는 바람결을 느껴보자. 크게 숨을 내쉬어보자.

집착과 욕심에서 벗어나면 비로소 내가 보이기 시작한다. 세상이 보이기 시작한다. 세상은 나 없이도 잘 굴러간다. 내가 챙겨주지 않아도 남편은 회사에 잘 출근할 테고 아이들은 별 탈 없이 학교에 잘 다닐 것이다. 친정 엄마는 여전히 건강하고 동생들도 문제없다. 아무것도 걱정할 것 없다. 나만 걱정하면 되고 내 마음만 들여다보면 된다.

나는 나다. 부족한 대로 마음 편하고, 부족한 대로 보기 좋고, 부족한 대로 생생한 존재. 그것이 나라는 존재이고 내 방식대로 행복을 느끼면 되는 것이다. 왜 완벽하지 못하다고 불안해하는가. 왜 남과 비교하며 나를 괴롭히는가. 나는 나대로 향기롭고 아름다운 것이다. 나는 나대로 만족스럽고 즐거우면 되는 것이다. 그러면 되는 것 아닌가.

완벽함이라는 가면을 벗어던질 때 다른 사람에게도 완벽함을 강요하지 않게 된다. 나의 부족함을 인정할 때 다른 사람의 부족함도 인정하게 된다. 아이들이 원하는 것은 완벽한 엄마가 아니라 자애롭고 따뜻한 엄마다. 자신의 실수에도 웃어주며 격려해주는 엄마다. 눈높이를 낮춰 아이를 바라보자. 그러면 아이의 마음의 소리가 고스란히 들려온다. 엄마, 나 좀 봐주세요. 엄마, 나 좀 이해해주세요. 엄마, 나 좀 사랑해주세요, 라는 소리가.

2장

아이를 키운다는 건
아이 속도에 나를 맞추는 것이다

관심과 간섭 사이의
위태로운 줄타기

관심이란 입은 닫고 눈과 귀를 열어놓는 것이다. 열린 눈으로 아이의 안색을 살피고 열린 귀로 아이의 마음을 들어야 한다. 아이에게 조언이 필요할 때는 조심스레 부모의 생각을 말하기만 하면 된다. 부모의 의견을 참조해 아이는 스스로 해답을 찾아갈 것이다. 아이는 일등을 한다고 귀한 것이 아니다. 좋은 대학에 들어갔다고 귀한 것이 아니다. 아이는 존재 그 자체로 귀하고 소중하다. 내 곁에 있어주는 것만으로도 감사하고 행복한 일이다.

줄리아 로버츠가 주연한 〈에린 브로코비치〉라는 실화를 바탕으로 한 영화가 있다. 주인공 에린 브로코비치는 이혼을 두 번이나 하고 아이가 셋이나 딸린, 돈도 직업도 없는 여자다. 하지만 삶에 대한 열정과 상대방을 배려하는 따뜻한 마음을 가졌다. 작은 변호사 사무실에서 임시직 일을 시작한 에린은 독특한 옷차림과 행동으로 구설수에 오르기도 하지만 맡은 일에 대한 열정만은 남달라서 4년 동안 643명의 피해자들을 설득해 오염 물질을 배출한 대기업을 상대로 소송을 벌여, 그때까지 미국 법정 사상 최대 규모인 3억 3300만 달러라는 배상금을 받아낸다.

이 영화에서 내가 감명을 받았던 장면은 그녀의 맹활약도 아니고 승소 장면도 아니다. 4년 동안 일에 미쳐 있는 엄마에게 방치되다시피 한 큰아들이 엄마를 어떻게 이해하고 받아들이는가에 대한 '소통의 문제'였다.

어느 날 아침, 에린은 늘 그렇듯이 피곤에 절어 소파에 늘어져 있는데 아침을 먹으러 식당으로 가려던 큰아이가 갑자기 에린을 돌아보더니 한마디 한다.

"엄마 아침밥도 사다줄게요."

늘 냉담하던 아이가 그렇게 말하자, 에린은 움찔하며 아이를 바라보는데 그 순간의 눈빛이 그렇게 복잡할 수가 없었다. 아이한테 인정받았다는 안도감에 더해 아이에 대한 미안함과 애잔한 마음이 그대로 드러나는 눈빛이었다. 엄마들은 다 알 것이다. 엄마들이 아이들한테 얼마나 인정받기 원하는지를. 아무리 당당한 엄마라도 아이 앞에선 작아지게 마련이다. 아이 눈치를 보지 않을 수 없기 때문이다. 아이들도 엄마의 말 한마디에 울고 웃지만 엄마들도 아이들 말에 상처 받고 힘을 얻기도 한다.

아이를 키우는 부모들은 늘 불안하다. 내 인생도 불확실한데 아이 인생까지 책임져야 한다고 생각하니 두렵고 힘들다. 주위를 둘러보면 다들 야무지게 아이를 잘 키우는 것 같은데 나만 쩔쩔매는 것 같아 속이 상하기도 한다. 다른 집 아이들은 알아서들 공부도 잘한다는데 우리 아이들은 알아서 하기는커녕 비싼 돈 들여 떠먹여주는 공부조차 제대로 못하니 속이 타들어간다. 뭐라 한마디 잔소리를 할라치면 바락바락 대들며 방문을 걸어 잠가버리니 전생에 무슨 죄를 졌기에 이렇게 당하고 사나 싶어 잠조차 오지 않는다.

해결책을 찾아 인터넷을 들여다보면 좋은 말들이 넘쳐난다. 하나같이 어떻게 하라는 충고 일색이다. 읽을 때는 고개가 끄덕여진다. 하지만 아이와 얼굴을 마주하는 순간 좋은 말들은 머릿속에서 다 사라지고 다시 본능대로 아이한테 소리소리 지르게 된다. 일거수일투족을 간섭하며 잔소리하게 되는 것이다.

앞에서 잠깐 언급했던 아들과 엄마의 모습이 떠오른다. 텔레비전에서 보았던 고등학생 아들과 엄마. 아들은 엄마를 사채업자 같다며 몰아세우고 엄마는 아들 앞에 죄인처럼 고개를 숙인 채 앉아 있었다. 아들의 막말 앞에서도 엄마는 말없이 고개만 숙이고 있었다. 아들의 성적이 갈수록 떨어지기에 엄마는 불안한 마음에 잔소리를 좀 심하게 했고, 아들은 잔소리에 숨이 막혀 더 공부가 안 된다며 날마다 팽팽한 기싸움을 벌이던 집이었다.

나는 그 엄마가 차라리 아들 앞에서 눈물이라도 보였으면 싶었다. 엄마의 마음을 진솔하게 털어놓고 아들한테 먼저 미안하다며 사과하길 바랐다. 그리고 앞으로는 엄마도 조심할 테니 너도 공부에 조금만 더 신경을 쓰면 좋겠다고 아들과 진지한 대화를 나누길 바랐다. 하지만 그 엄마는 끝까지 고집스레 입을 다물었고 아들은 더욱 기세등등하게 아픈 말들을 쏟아냈다.

화면으로 엄마와 아들을 지켜보던 전문 상담사가 해결책을 내놓았다. 아들이 스스로 공부할 때까지 엄마는 지켜보기만 하라는 것이었다. 엄마의 마음이 계속 불안하다면 밖으로 나가 여가 활동을 하라고 권했다. 취미 활동을 하든 봉사 활동을 하든 엄마가 바빠야 아이를 간섭하지 않는다고 했다. 우선 엄마가 할 일은 자신의 다짐을 써서 집 안 여기저기에 붙여놓고 그대로 실천하는 것이다. 지키지도 못할 것들이 아니라 '잔소리를 최대한 줄이

자', '똑같은 말을 반복하지 말자', '어질러져 있는 꼴도 참자', '되도록 웃자',
'욕하지 말자', '내가 먼저 책을 읽자' 등등 실행 가능한 것들을 써서 가족들
이 다 볼 수 있는 장소에 붙여놓고 그대로 지키는 것이 중요하다고 했다.

모든 부모는 자식을 사랑한다. 그리고 자식이 잘되기를 간절히 소망한다.
그렇다 보니 아이한테 집중하게 되고 점점 더 간섭하게 된다. 부모가 갈고
닦아놓은 길에서 한 발짝이라도 벗어나면 벼랑으로 떨어질 듯 호들갑을 떨
며 아이의 사고와 행동을 통제한다. 아이를 비단 보자기에 싸서 곧장 행복
의 결승점에 데려다놓으려 한다. 그것이 부모가 할 노릇이며 자식을 사랑하
는 것이라 생각한다. 하지만 부모 말대로 고분고분 따르는 자식은 많지 않
다. 부모가 간섭할수록 아이는 엇나간다. 부모의 힘에 굴복할 수밖에 없는
경우라도 아이는 마음속에 단단한 벽을 쌓고 때를 기다린다. 부모보다 키가
커지고 힘이 세질 때를 기다리는 것이다. 그 경우 두 가지 길밖에 없다. 부모
를 떠나는 길, 그리고 부모를 해하는 길.

뉴스를 보면 충동적으로 존속살해를 저지르는 아이들이 심심찮게 나온
다. 그 아이들에게 돌을 던지기 전에, 그렇게 할 수밖에 없었던 이유가 있지
않을까를 먼저 생각해보게 된다. 무엇이 그런 결과를 만들었는지를. 얼마나
궁지에 몰렸으면 그렇게까지 했을지를.

처음부터 그런 결과를 예상한 부모는 없었을 것이다. 그만큼 충동이라는
것은 무섭다. 아이들은 몸집은 어른처럼 보이지만 아직 사고가 충분히 성숙

하지 못하기에 더욱 충동적일 수밖에 없다. 그래서 다 큰 아이와 다툴 때는 절대 마지막 선을 넘어서는 안 된다. 부모가 먼저 자리를 피하거나 죽을힘을 다해 화를 자제해야 한다. 그것이 부모도 살고 아이도 사는 길이다.

자녀는 부모를 그대로 본받아 자란다. 자녀가 책을 읽고 공부하기를 바란다면 부모가 먼저 책을 읽고 공부하면 된다. 자녀가 독립적인 존재, 능동적인 존재가 되길 바란다면 부모가 자녀에게 스스로 할 수 있는 기회를 많이 줘야 한다. 자녀와 계속 좋은 관계를 유지하고 싶다면 잔소리를 줄이고 어느 정도 거리를 두고 지켜보기만 해야 한다. 부모의 욕심이, 기대치가 높을수록 자녀는 고통스러워진다. 불행해진다. 아무리 해도 부모의 기대치에 맞춰줄 수 없다는 생각에 자신을 못난 존재, 무능한 존재라 여기고 무기력증에 시달리며 살아간다. 스스로를 자학하며 자해를 하거나 남을 괴롭히는 것으로 세상에 대한 분노, 부모에 대한 분노, 자신에 대한 분노를 표출한다.

아이들을 키우며 화를 내지 않기란 여간 어려운 일이 아니다. 간섭과 잔소리를 피할 수도 없다. 하지만 아이와 좋은 관계를 유지하기 위해선 어떻게든 간섭과 잔소리를 줄이고 관심과 애정을 기울여야 한다. 관심이란 입은 닫고 눈과 귀를 열어놓는 것이다. 열린 눈으로 아이의 안색을 살피고 열린 귀로 아이의 마음을 들어야 한다. 아이에게 조언이 필요할 때는 조심스레 부모의 생각을 말하기만 하면 된다. 부모의 의견을 참조해 아이는 스스로 해답을 찾아갈 것이다.

나 또한 늘 어떻게 하면 엄마의 욕심을 누르고 아이들을 가만히 놔둘지를 고민하며 살아왔다. 관심과 간섭 사이에서 아슬아슬한 줄타기를 하며 여태까지 버텨온 것이다. 그래서 더욱 글쓰기에 매달렸는지도 모르겠다. 아이들이 자유의지로 들꽃처럼 강하고 예쁘게 피어날 수 있도록.

나는 좋은 엄마가 되고 싶었다. 아이들을 가두고 옭아매는 엄마가 아니라 다정하고 좋은 엄마라는 소리를 듣고 싶었다. 그래서 아이와 다투다가도 문득 나 자신을 돌아보며 마음속으로 외치곤 했다. '그만둬! 이게 무슨 짓이니? 아이한테 부끄럽지도 않니!'라고.

얼마 전에 큰아이가 이런 말을 했다.

"엄마를 보니, 힘이 나요…"

그 말 한마디에 20여 년간 두 아들을 키우느라 힘들었던 시간이 눈 녹듯 사라져버렸다. 아이는 일등을 한다고 귀한 것이 아니다. 좋은 대학에 들어갔다고 귀한 것이 아니다. 아이는 존재 그 자체로 귀하고 소중하다. 내 곁에 있어주는 것만으로도 감사하고 행복한 일이다.

아이에게 1퍼센트 안에 들라고 강요할 것이 아니라 나머지 99퍼센트와 함께 잘 어울려 살아가라고 말해주는 부모, 친구를 밟고 올라서야만 네가 이기는 것이 아니라 서로 돕고 이끌어주며 살라고 가르치는 부모, 내 말부터 들으라고 다그치는 것이 아니라 아이의 말부터 들어주는 부모가 되어야겠다. 간섭 대신 관심을 기울이는 부모, 꾸중 대신 칭찬에 더 후한 부모, 비교 대신 아이의 있는 그대로를 사랑해주는 부모, 미래에 대한 걱정보다는 현재의 행복을 더 소중히 여기는 부모가 되어야겠다.

엄마들 모임에 정보 없다

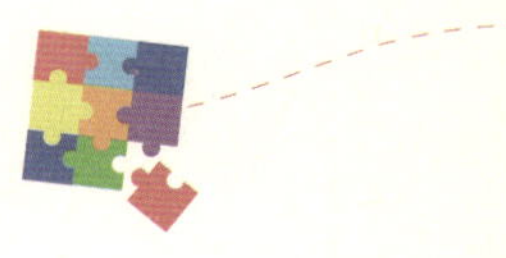

주변을 너무 의식하다 보면 오히려 우왕좌왕하게 된다. 남과의 비교는 끝이 없다. 남들 하는 대로 따라가다가 오히려 아이가 불행해지기도 한다. 불안하더라도 자기 생각대로, 자기 가치관대로 아이를 키우면 되는 것이다. 엄마가 일을 한다고 해서, 정보가 부족하다고 해서 아이가 잘못되는 것도 아니다.

사교육이 성행하는 지역의 식당과 카페는 늘 엄마들로 북적인다. 아이들이 집에 돌아오는 시간에는 아이들과 함께 지내야 하기 때문에 점심 모임이 대부분이다. 엄마들은 아이들 공부에 관한 정보를 하나라도 더 얻기 위해 눈을 반짝이며 귀를 기울인다. 하지만 정작 중요한 정보는 거의 없고 일상적인 얘기만 나누다가 모임이 끝나기 일쑤다. 그런 사실을 알고도 모임에 쫓아다니는 엄마들의 심리를 들여다보면 불안감이 팽배해 있다. 혹시 자기만 모르는 정보들이 오가거나 자기 아이만 왕따라도 당할까 싶어 모임에 열심히 얼굴을 내미는 것이다.

모임이 끝난 후 엄마들의 마음은 편치 않다. 모임에서 들은 다른 아이들의 성적이나 근황, 다른 엄마들의 빠삭해 보이는 정보력이나 명품 가방들이 자신의 것과 비교되어 집에 돌아오면 괜히 아이들한테 짜증을 부리게 된다. 집 안엔 설거짓거리와 빨랫감이 널려 있고 아이들의 간식이며 식사는 전혀 준비되어 있지 않다. 아이들은 엄마 눈치를 살피다 죄인처럼 빵 한 조각 베어 물고 학원으로 향한다.

엄마들은 정보 때문에 모임에 나간다. 하지만 꼭 엄마들 모임이 아니라도 정보는 널려 있다. 인터넷에 접속만 하면 온갖 정보와 경험담이 넘쳐난다. 그것을 선별해내는 일도 만만찮기 때문에 모임에 참석해 귀동냥이라도 할까 하지만 정작 선별된 귀한 정보는 그런 모임에서는 공개되지 않는다. 혼자만 알고 있거나 따로 공부 팀을 꾸려 그들끼리만 공유하기 때문이다.

나도 학기 초면 한두 번 엄마들 모임에 참석하곤 했다. 다른 엄마들처럼 나 역시 우리 아이가 혹시 왕따라도 당하지 않을까 하는 염려에서였다. 하지만 엄마들 얘기라고 해봤자 세상 돌아가는 얘기나 집안 얘기, 시댁 얘기, 애들 공부 얘기가 전부였기에 별반 흥미를 느끼지 못했다. 괜히 집에 오면 놀고 있는 아이들이 눈에 거슬려 잔소리만 하게 될 뿐이었다. 게다가 우리 아이들이 학원에 다니는 것은 시간 낭비라며 학원을 별로 좋아하지 않았기 때문에 학원에 대한 정보도 그다지 필요하지 않았다. 꼭 필요할 땐 직접 학원에 가서 상담해보고 아이한테 맞는 학원을 골라주면 되기 때문이다. 그리고 어차피 아이들도 귀동냥으로 어느 학원이 좋은지는 대충 다 알고 있기에 엄마가 굳이 나서서 학원을 알아봐주고 말고 할 것도 없었다.

나는 엄마들 모임보다는 여기저기 다니며 배우는 것을 더 좋아했다. 아이들이 초등생일 때까지는 거의 집 안에만 있었는데 아이들이 중학교에 들어가 시간적인 여유가 생기자 그동안 배우고 싶었던 것들이 눈에 들어왔다. 어려서부터 호기심이 넘쳤던 나는 새로운 것만 보면 거기에 빠져들곤 했다. 하지만 끈기는 없어서 금세 싫증을 냈다. 그동안 내가 맛만 보고 팽개친 것들을 꼽아보라면 아마 스무 가지도 더 넘을 것 같다. 중국 요리, 제과 제빵, 떡 만들기, 봉제, 한지 공예, 그림, 피아노, 댄스, 탁구, 테니스, 헬스, 자전거, 중국어, 미용 등등. 마음만 먹으면 값싸게 배울 곳은 널려 있었다.

그런 내가 글쓰기만은 계속 손에서 놓지 않았다는 것이 신기하다. 아마 정말 좋아서 한 일이기 때문일 것이다. 겁 없이 장편동화나 장편소설에 뛰어들 때는 아이들이고 뭐고 아무 생각도 나지 않았다. 밥만 겨우 해 먹이고, 주먹만한 먼지 뭉치들이 보이면 소파나 가구 밑으로 쓱쓱 밀어넣었다. 세상일에도 아무 관심이 없어서 누굴 만날라치면 사오정처럼 엉뚱한 소리나 해대기 일쑤였다. 그러면서도 글을 쓸 때만큼은 하루 종일 자판을 두드려대며 행복해했다.

나는 글을 몰아 쓰는 습관이 있어 하루 종일이라도 책상에 앉아 있곤 했다. 간간이 집안일을 하긴 했지만, 한 번에 예닐곱 시간씩 책상에 붙어 있는 일이 다반사였다. 정신력으로 버티는 것도 한계가 있어 육체적으로는 늘 버거워했다. 대여섯 시간쯤 지나면 뇌의 기능이 멈춰버리기 때문이다. 뇌가 딱딱하게 굳어버리는 느낌. 그러면서 여기가 어딘지, 내가 뭘 하고 있었는지 눈앞이 아득해졌다.

내가 이런 이야기를 하는 이유는 아이들도 마찬가지라는 것을 말하고 싶어서다. 아이들도 공부한다며 거의 하루 종일 책상에 붙어 앉아 있는데, 과연 제대로 공부가 되겠느냐는 얘기다. 뇌가 피로에 지쳐 제 기능을 할 수 없을 땐 무조건 잠을 자든, 운동을 하든, 산책을 하든 해서 뇌를 쉬게 해야 한다. 뇌를 충분히 비워놓아야 다시 채워 넣을 수 있기 때문이다. 그런데 엄마들은 아이들이 지쳤다 싶으면 잠을 자거나 쉬게 하지 않고 보약이나 비타민을 챙겨 먹여가며 책상 앞에 붙들어둔다. 키 크고 공부 잘하길 바라면서 정작 그 비법인 잠자기와 휴식은 무시해버린다.

그리고 한 가지 분명한 것은 학원에 오래 앉아 있다고 해서 절대 성적이 오르지 않는다는 점이다. 공부란 스스로 하는 것이다. 아무리 학원에서 많은 것을 머릿속에 집어넣어준다 해도 스스로 익히고 알아가는 과정을 거치지 않으면 말짱 헛일이다. 그저 뭔가 많이 배운 것 같은 착각에 빠져 학교 수업만 소홀히 하게 된다. 우리 아이들은 선행학습을 하지 않아 학교 수업에 집중할 수 있었고, 모르는 것은 선생님과 친구들한테 물어가며 공부했다. 물론 자신들도 친구들 공부를 많이 도와주었다고 한다. 그렇게 공부하면서도 줄곧 좋은 성적을 유지했다.

얼마 전 카페에 앉아 있는데 옆자리에 앉은 엄마가 학원 정보지들을 책자처럼 만들어 다른 엄마한테 보여주는 것이 눈에 들어왔다. 그 엄마는 마

STRESS!

치 교육 전문가라도 되는 것처럼 의기양양했고 그 자료를 들여다보는 엄마는 부러움 가득한 얼굴이었다. 그들을 보며 한숨이 절로 나왔다. 학원 정보지들이 아이의 성적을 몇 등급 올려주리라 잔뜩 기대하는 눈치였지만, 나는 그 엄마들 때문에 아이들이 얼마나 더 힘들어질지가 걱정이었다. 아이들이 엄마 등살에 겨우 몇 시간 자는 잠마저 빼앗기지 않을까 염려스러웠다.

아이들이 엄마 품안에 있는 시간은 그리 길지 않다. 사춘기만 되어도 아이들은 엄마 품보다는 세상 밖으로 나가길 더 소망한다. 엄마 품에 있는 몇 년만이라도 아이들을 오로지 사랑만으로 품어줄 수는 없을까. 그 귀한 시간을 공부 때문에 아이와 전쟁을 치르며 허비해버린다면 얼마나 안타까운 일인가. 아이와 재미있는 영화도 보러 다니고, 맛있는 음식도 먹으러 다니고, 옷도 사러 다니고 여행도 다니는 게 정말 어려운 일일까. 아이가 다니기 싫어하는 학원은 과감히 끊어버리고 아이한테 책을 읽고 사색할 시간을 주는 것은 불가능한 일일까.

주변을 너무 의식하다 보면 오히려 우왕좌왕하게 된다. 남과의 비교는 끝이 없다. 남들 하는 대로 따라가다가 오히려 아이가 불행해지기도 한다. 불안하더라도 자기 생각대로, 자기 가치관대로 아이를 키우면 되는 것이다. 엄마가 일을 한다고 해서, 정보가 부족하다고 해서 아이가 잘못되는 것은 아니다. 설혹 아이에게 문제가 생기더라도 엄마가 제대로 돌봐주지 않아서 그렇다고 자책할 것이 아니라, 그저 한 단계 성숙해지기 위한 시련을 겪고 있는 거라고 담담하게 받아들이면 된다. 그렇게 부모가 아이를 온전히 믿어주며 자신들의 삶을 성실하게 살아간다면 아이는 어느 때고 다시 올바른 길로 돌아온다.

엄마들과의 친교도 중요하고, 즐겁게 얘기하다 보면 쌓였던 스트레스가 풀리기도 한다. 하지만 모임에 너무 치중하다 보면 아이에게 소홀해지거나 자기 발전을 위한 시간을 낼 수가 없다. 모임은 최소한으로 줄이고 남은 시간을 유용하게 사용하는 것이 아이와 엄마 모두에게 유익한 선택이다.

좋은 아빠는 아이와
대홧거리가 많은 아빠다

우리나라 아빠들은 항상 바쁘다. 자녀와 나누는 대화라고 해봐야 "밥 먹었냐?", "학교는 잘 다니고 있냐?" 같은 단답식 질문이 전부다. 아빠와 아이들의 사이가 서먹서먹해지고 아이들이 아빠를 돈 버는 기계 정도로 여기는 데는 아빠들한테도 어느 정도 책임이 있다. 경쟁지상주의가 아빠들을 그렇게 살도록 강요하긴 하지만 아빠들의 노력 여하에 따라 그런 인식이 달라질 수도 있기 때문이다.

또 한 명의 지인이 기러기아빠가 됐다. 처자식을 떠나보내며 돌아서는 그의 등이 외로워 보였다. 순한 아내와 토끼 같은 자식들과 행복하게 살던 그였지만 아이들을 위해 결국 가족과의 이별을 택했다. 떠나는 가족에게 웃으며 손을 흔들던 그가 돌아서서 어깨를 들썩였다. 울고 있는 그의 어깨를 보듬어줄 가족은 이제 곁에 없다. 그는 더 이상 누구누구의 아빠가 아니라 이 땅의 수많은 기러기아빠들 중 한 사람으로 불리게 될 것이다.

그는 가난한 월급쟁이 아빠다. 와이셔츠 깃이 닳아도, 구두 뒤축이 닳아 몇 번을 덧대 신어도 아이들 교육비 때문에 자신을 위해선 돈을 쓸 수가 없었다. 그런 그가 처자식을 그나마 물가가 싸다는 필리핀에 보내기 위해 집을 팔고 원룸으로 옮겨 가는 것에 대해 주위 사람들은 모두 한마디씩 해댔다. 자식 키워봐야 다 헛일인데 괜한 짓 한다며. 그가 그 헛짓을 위해 사랑하는 가족과의 이별도 감내해야 했던 이유는 무엇일까.

자식 가진 부모라면 한 번쯤 우리 교육 현실에 대해 막막함을 느낀 적이 있을 것이다. 조금 나아졌다고는 하지만 아직도 아이들을 정해진 틀에 가두는 답답한 교육, 한 명이라도 더 밟고 올라서야만 살아남을 수 있다는 살벌한 경쟁 원리만 가르치는 교육. 그 속에서 아이들이 흘려야 할 눈물을 생각하면 어딘가에 있을 교육 천국을 향해 이 땅을 떠나고 싶은 유혹을 느낄 것이다. 지인도 그래서였을 것이다. 유난히 마음이 여린 그의 아이들은 학교생활을 힘들어했다. 특히 말도 느리고 행동도 느린 둘째 아이는 영악한 아이들에게 왕따를 당해 원형탈모증을 앓기까지 했다. 지인의 소망은 그리 큰 것이 아니었다. 가족과 함께 소박하게 웃으며 사는 것, 그리고 아이들이 햇살 아래 맘껏 뛰놀고 흘러가는 구름도 바라보며 마음 편히 살기를 바라는 것 정도였다.

“내 소망이 그렇게 불가능한 것이었나요?”

이렇게 묻는 그의 눈에 슬픔이 가득해 마주 볼 수가 없었다. 뭐라 위로해 줄 수도 없었다. 나 역시 그런 꿈을 꾸며 살아왔기에. 나 역시 바뀌지 않는 이 땅의 교육 현실 앞에 분노를 넘어 체념을 하고 있었기에.

4년가량 아르헨티나의 자유로운 분위기에서 살다 온 우리 아이들은 한국의 답답한 학교생활에 적응하기가 쉽지 않았다. 다시 외국으로 나가고 싶

어 했다. 내 생각도 다르지 않았다. 치열한 경쟁 속에서 아이들을 행복하게 키울 자신이 없었다. 하지만 남편은 완고했다. 절대 기러기가족은 될 수 없다고 했다. 가족이라면 어떤 상황에서든 함께 지내야 한다는 것이 남편의 신념이었다. 또 한국인이라면 한국에서 어떻게든 버텨내야 한다고 생각했다. 영어도 마음만 먹으면 외국에 나가지 않고 얼마든지 한국에서도 잘할 수 있다고 했다. 원어민 영어 캠프나 저렴한 인터넷 강의도 많아서 의지만 있다면 얼마든지 할 수 있다는 것이었다. 남편의 말에 일리가 있기에 나는 기러기가족이 되는 것을 포기했고, 우리 아이들은 그럭저럭 학교생활에 적응해갔다.

기러기아빠가 외로움에 지쳐 목숨을 끊었다는 뉴스를 간간이 본 적이 있다. 기러기가족이 이런저런 이유로 헤어졌다는 얘기도 자주 들려온다. 날마다 얼굴 맞대고 사는 가족도 서로 마음이 통하지 않는다고 난리인데, 몇 년씩 떨어져 지내는 가족이 어떻게 마음을 주고받을 수 있는지 모르겠다. 더욱이 아이들이 멀리 있는 아빠를 돈이나 보내주는 존재로 인식하지 않을까 걱정이 된다.

아이들이 생기면 부부는 뒷전이 되고 만다. 사랑해서 결혼해놓고 그 사랑을 키워가기보다는 서로를 향해 너무 쉽게 화를 내고 너무 쉽게 포기해버린다. 부부는 더 이상 부부로 사는 게 아니라 남편은 돈 버는 기계로, 아내는 아이들 뒤치다꺼리만 하는 그악스러운 아줌마로 변해버린다.

아이 셋을 둔 어느 부부가 노스님을 찾아갔다. 날마다 싸움이 끊이지 않던 부부였다. 부부의 얼굴을 물끄러미 바라보던 노스님이 남편에게 물었다.

"지금까지 아내를 몇 번이나 업어주었나요?"

남편은 어리둥절한 표정으로 대답했다.

"한 번도 업어준 적이 없는데요."

"그럼 아내는 남편을 몇 번이나 업어주었나요?"

"저도 한 번도 없습니다."

"남편은 아내가 아이를 셋이나 낳아 길러주었는데도 한 번도 고맙지 않았나요? 아내는 남편이 가족을 벌어 먹이느라 그렇게 고생했는데도 한 번도 고맙지 않았나요?"

노스님의 말씀에 부부는 고개를 들 수가 없었다. 아이들 앞에서도 서슴지 않고 서로를 비난하고 헐뜯던 모습이 너무도 부끄럽게 여겨졌다.

집에서 독서와 글쓰기 공부방을 꾸려갈 때였다. 같이 공부하던 3학년짜리 아이가 어느 날 이렇게 말했다.

"우리 아빠는요, 돈 버는 기계예요."

나는 깜짝 놀라 왜 그렇게 생각하는지 물었다. 아이는 엄마가 늘 그렇게 말하며 투덜거린다고 했다. 그 말에 뜨끔했다. 나 역시 우리 아이들 앞에서 남편 흉을 보기도 했기 때문이다. 하지만 그나마 다행인 것은 남편을 한 번도 돈 버는 기계라고 생각하진 않았다는 점이다. 흉을 보긴 했어도, 아이들에게 아빠가 열심히 일하는 덕분에 우리가 편히 살고 있으니 감사해야 한다는 말도 자주 했다.

우리나라 아빠들은 항상 바쁘다. 아이들이 아빠를 볼 수 있는 시간이 하

루에 한 시간이 넘지 않는다는 설문조사를 본 적이 있다. 아빠와 대화를 나누는 시간도 고교생의 경우 하루에 채 1분도 안 된다고 한다. 대화라고 해봐야 "밥 먹었냐?"나 "학교는 잘 다니고 있냐?" 같은 단답식 질문이 전부다. 그러니 아이들은 아빠와 대화할 필요성을 못 느낀다. 아빠와 대화해봤자 잔소리나 들을 게 뻔하니 아빠 앞에선 입을 다물어버린다.

아빠와 아이들의 사이가 서먹서먹해지고 아이들이 아빠를 돈 버는 기계 정도로 느끼는 데는 아빠들한테도 어느 정도 책임이 있다. 경쟁지상주의가 아빠들을 그렇게 살도록 강요하긴 하지만 아빠들의 노력 여하에 따라 그런 인식이 달라질 수도 있기 때문이다.

아빠들은 집에 돌아오면 만사가 귀찮다는 표정으로 소파에 누워 텔레비전부터 켠다. 그러다 가끔 엄마 아빠 사이에 전쟁이 벌어지기도 한다. 아이들은 두렵기도 하고 짜증이 나기도 해서 각자의 방에 틀어박혀버린다. 심지어 아이들은 불화만 일으키는 아빠가 차라리 없어져버렸으면 좋겠다고 생각한다.

아빠와 대화를 많이 한 아이들이 학업 성적도 좋다는 기사를 본 적이 있다. 아이의 공부를 떠나서라도 아빠는 가정에서 꼭 필요한 존재다. 특히 아들은 아빠를 역할 모델 삼아 성장한다. 아빠가 가정에서 하는 것을 보고 배워서 미래의 아내와 자식에게 그대로 행하기 때문이다. 가정적이고 민주적인 아빠를 보고 자란 아들은 그대로 가정적이고 민주적인 아빠가 되고, 술 먹고 폭력을 휘두르는 아빠를 보고 자란 아들은 그대로 폭력적인 아빠가 되기 쉽다. 재미있게 놀아주고 책을 읽어주는 아빠라면 아들도 그렇게 할 것이고, 가사를 분담하며 화목하게 가족을 이끌어가는 아빠라면 아들도 가족과 함께 알콩달콩 재미나게 살아갈 것이다.

　내 남편 역시 여느 아빠들과 다르지 않았다. 회사원인 남편은 눈코 뜰 새 없이 일에만 파묻혀 지내던 사람이었다. 아이들이 어렸을 때는 주말도 따로 없어 일주일 내내 집에서 밥 한 끼 먹은 적이 없는 때도 있었다. 남자에겐 대인관계가 중요하다며 가족보다 술자리를 우선시했다. 어쩌다 집에 있을 땐 혼자서 운동을 나가거나 텔레비전을 보거나 책을 읽었다. 그런 남편과 가끔 다투기도 했지만 바쁜 남편을 이해하려고 노력했고, 남편 없이 아이들을 데리고 돌아다니기도 했다. 그런 생활은 아이들이 사춘기가 될 때까지 이어졌다.

　아이들이 중학생이 되자 나는 혼자서 아들 둘을 감당하기가 벅찼고, 마침내 남편한테 SOS를 보냈다. 그제야 남편은 아이들을 제대로 바라보기 시작했다. 남편은 아이들에게 잔소리를 하거나 공부를 강요하진 않았다. 대신 아이들을 밖으로 데리고 나가 함께 농구를 하거나 축구를 했다. 아이들과 맛있는 것을 먹으러 다니고 영화를 보러 다니고 노래방에 가서 맘껏 노래를 부르며 스트레스를 풀었다. 등산도 같이 가고 아이들만 데리고 1박 여행을 떠나기도 했다. 그러면서 자신의 가치관과 세상 사는 지혜를 두 아들에게 전수해줬다. 또 아이들을 종종 회사로 불러내 가족을 부양하기 위해 아빠들이 얼마나 열심히 일하는지 직접 눈으로 보게 했다.

　남편은 집에 있을 때도 아이들에게 본을 보이려고 노력했다. 일찌감치 일어나 세수를 하고 깔끔하게 옷을 차려입고 책상에 앉아 책을 읽었다. 가족회의를 열어 집안일도 분담시켰다. 엄마는 요리와 빨래를 하고, 아빠는 설거지를 하고, 큰아들은 쓰레기 분리수거를 하고, 작은아들은 일주일에 한 번씩 청소기를 돌리기로 했다. 그렇게 모든 면에서 아빠가 솔선수범하자 아이들의 생활 태도도 훨씬 나아졌고 가족 간의 대화도 더 많아졌다.

아이가 태어나면 엄마만 힘겨운 것이 아니다. 아빠 역시 처음 맡는 아빠 역할에 긴장하긴 마찬가지다. 마음으로는 좋은 아빠가 되고 싶지만 무엇을 어떻게 해야 할지 몰라 자연스레 가사와 육아는 모두 엄마 차지가 된다. 맞벌이 가정도 별반 다르지 않다. 엄마 혼자서 모든 것을 떠안고 동동거리는 것이다.

아이가 공부를 못한다고, 엇나간다고 서로 책임을 전가하며 비난만 하지 말고 아이가 태어나는 순간부터 부부는 공동 육아를 위해 머리를 맞대야 한다. 아무리 바쁜 아빠라 해도 하루에 얼마간씩 시간을 정해 아이와 놀아주고, 잠자기 전에 책도 읽어주고, 주말에 나들이 삼아 아이 손을 잡고 서점이나 도서관에 다녀오는 건 어떨까. 가족과 함께 공원에 나가 자전거도 타고 공놀이도 하고 산책도 하며 아이가 하는 말에 귀 기울여주는 것도 좋은 방법이다. 모든 것은 아빠 하기 나름이다. 불필요한 술자리를 줄이고 가족에게 자신의 시간을 조금 더 할애한다면 '아빠는 돈 버는 기계'일 뿐이라는 억울한 오명을 더 이상 떠안지 않아도 될 것이다.

상상력, 창의력보다
배려심이 먼저다

자식이 사랑스럽고 예쁘다면 부모는 때로 엄격해질 필요가 있다. 옳고
그름을 단호하게 가르치고 남을 예의 바르게 대하라고 가르쳐야 한다.
창의력, 상상력, 자율성과 같은 단어들 이전에 남에 대한 배려와 이해,
양보 등의 단어를 부모들이 더 많이 사용해야 한다. 심성이 올바로 자리
잡지 않은 자율은 광기가 되고, 상상은 망상이 되어 타인을 해치는 무기
가 될 수도 있기 때문이다.

요즘은 대학이든 기업이든 화려한 스펙이나 뛰어난 성적보다는 자기주
도적으로 능동적이며 창의적인 삶을 살아가는 사람들, 즉 자기만의 스토리
를 가진 사람들을 더 선호하는 것 같다. 그리고 더불어 사는 것을 표방하며
그에 맞춰 인성을 중시하는 경향도 뚜렷해지고 있다. 우리 아이들의 대학
입시 결과를 놓고 보더라도 그런 변화를 짐작할 수 있다. 우리 아이들은 최
상위권 성적도 아니었고 몇 년 전까지만 해도 대학 입시 전형에서 최고의
스펙으로 쳐주던 올림피아드 성적이 있었던 것도 아니었다. 둘 다 스스로
공부해서 얻어낸 상위권 수준의 성적과 팀을 이뤄 활동한 결과물들, 그리고
소외 계층 아이들에게 정기적으로 공부를 가르치고 멘토 역할을 해준 봉사
활동 정도가 스펙의 전부였다. 거기에 둘째 아이는 고교 때부터 도입된 자

기주도학습능력 인증서라는 서류를 학교에서 받아 대입 제출 서류에 포함시켰고, 농구며 다른 동아리 활동도 열심히 했다는 점을 자기소개서에서 밝혔다. 그런 점들이 입학사정관제에서 유리하게 작용했다고 본다.

나는 두 아들을 키우면서 "공부! 공부!"를 외친 적이 별로 없다. 성적에 대해서도 민감하게 반응한 적이 없다. 내가 중점을 둔 부분은 아이들의 인성 문제였다. 특히 남에 대한 배려심을 강조했다. 공공장소에서 떠들거나 뛰어다니는 것을 용납하지 않았다. 체벌로 엄히 다스린 것이 아니라 말로 알아듣게 잘 타이르면 아이들은 대체로 수긍하며 잘 따라주었다.

이상하게도 우리나라 사람들은 교육 하면 공부밖에는 떠올리지 않는다. 아이를 잘 키웠다는 것도 명문대에 보내고 대기업에 취직시키고 좋은 조건의 배우자와 결혼하는 것만을 뜻하는 줄 안다. 아이의 인성은 뒷전이다. 그러면서 문제가 생기면 학교를 탓하고 선생님을 탓한다. 가정교육이 우선시되어야 함에도 그 점을 절대 인정하지 않는다. 아이가 남보다 강해지길 소망하며 남을 밟고 올라서야만 박수를 쳐준다. 아이가 조금이라도 손해를 보고 오면 바보 같은 놈이라고 혼을 낸다. 아이의 기를 꺾으면 안 된다며 공공장소에서 난리를 치고 뛰어다녀도 나무라지 않는다. 부모한테 눈을 부라리고 고함을 질러대도 성적만 잘 나오면 용돈을 올려주고 선물을 안겨준다. 이런 부모들에게서 아이들이 무엇을 배우며 자라날 것인가.

자식이 사랑스럽고 예쁘다면 부모는 때로 엄격해질 필요가 있다. 옳고 그름을 단호하게 가르치고 남을 예의 바르게 대하라고 가르쳐야 한다. 다른 사람을 먼저 배려하고 아끼고 도와주는 것은 내 아이가 손해 보는 일이 아니다. 웃어른을 섬기고 공경하라고 가르치는 것은 시대착오적인 발상이 아니다. 빈부귀천을 떠나 모든 사람을 평등하게 대하라고 가르치는 것은 어리석은 것이 아니다. 가진 것을 감사히 여기고 겉치레보다는 내면을 다지면서 살라고 가르치는 것은 세상 물정 모르는 어수룩한 일이 아니다. 일차적으로 아이들을 양육하고 교육해야 할 책임은 부모에게 있다.

하루는 친분이 있는 젊은 엄마 집에서 저녁식사를 했다. 그런데 식사 도중에 서너 살 된 그 집 아이가 밥상 옆에 앉아 계속 우유를 입에 물었다가 푸우 하고 뱉는 장난을 쳤다. 몇 번을 그러더니 싫증이 났는지 이번에는 상 위에 놓인 상추며 야채 바구니를 덥석 들어 방바닥에 내팽개쳤다. 놀란 내가 어찌할 바를 몰라 입을 떡 벌리고 젊은 부부를 바라보니, 그들은 아랑곳하지 않고 씩씩하게 밥을 먹고 있었다. 나는 이제나저제나 그 부부가 아이를 제지해주길 기다렸다. 하지만 식사가 다 끝날 때까지도 그들은 아이의 존재조차 의식하지 않는 듯 하하 호호 웃으며 맛있게 밥을 먹었다.

"한 가지 물어봐도 돼? 내가 정말 궁금해서 그러는데, 왜 애를 내버려두는 거야? 우리 애가 저러면 난리 났을 텐데."

밥이 입으로 넘어가는지 코로 넘어가는지 정신이 하나도 없던 나는 식사가 끝났을 때 조심스레 입을 열었다. 아이 부모가 가만히 있는 것이 궁금하기도 했고, 몰라서 그러는 거라면 이 기회에 육아 공부 좀 시켜줘야지 하는 오지랖이 발동했기 때문이다.

"아, 그거요? 관심을 안 보이면 저도 재미없어서 금세 그만둬요. 괜히 하

110

지 말라고 하면 더 하죠. 그리고 애한테 자꾸 하지 말라 하지 말라 하면 자신 감도 없어지고 창의성도 떨어진대요.”

젊은 엄마가 생글거리며 말했다.

“창의성?”

놀라서 반문하는 나를 바라보며 부부가 어찌나 해맑게 웃는지, 그들에게 이참에 제대로 교육을 시켜주리라 다짐했던 내 얼굴이 무안함으로 붉어졌다. 아, 이렇게 생각이 다르구나. 이런 게 바로 세대 차이라는 것이구나. 우유를 여기저기 쏟아놓고 상추 바구니를 엎어버리는 것이 창의성 교육의 하나라고 생각하는 저들에게 내가 무슨 말을 할 것인가. 그러고 보니 아이가 엎어놓은 상추며 야채가 방바닥 여기저기 들러붙어 있는 것이 무슨 예술 작품 같기도 했다. 나는 씁쓸한 마음으로 바구니에 상추를 주워 담으면서 아이와 깔깔거리며 장난치고 있는 젊은 부부를 바라봤다.

어느새 20여 년이 지난 나의 양육 방식이 젊은 부모들에겐 태곳적 얘기처럼 고리타분하게 들릴지도 모르겠다. 아이들 귀에 딱지가 앉도록 ‘배려’라는 단어를 가르치고 지하철에서든 식당에서든 아이들이 떠드는 것은 엄하게 꾸짖곤 했는데, 이제는 창의성을 위한다는 명목으로, 아이의 기를 죽이면 안 된다는 이유로 타인에 대한 배려 같은 것은 교육에서 찾아볼 수 없는 것인지 참 안타까울 뿐이다. 상상력이 풍부한 아이로 자라게 하기 위해서는 저렇게 방임하듯 하고 싶은 대로 내버려둬도 되는 것인지 정말 모르겠다. 요즘 아이들의 버릇없고, 거칠고, 참을성 없고, 남이야 어떻든 나만 좋으면 된다는 식의 이기적인 모습에서 그들 부모들의 모습을 그대로 보게 된다.

부모의 자식 사랑은 당연한 일이다. 그러나 때로는 그 사랑이 지나쳐 아이의 장래를 망치거나 잘못된 길로 몰아가기도 한다. 창의력, 상상력, 자율성과 같은 단어들 이전에 남에 대한 배려와 이해, 양보 등의 단어를 부모들이 더 많이 사용해주면 좋겠다. 심성이 올바로 자리 잡지 않은 자율은 광기가 되고, 상상은 망상이 되어 타인을 해치는 무기가 될 수도 있기 때문이다.

우리나라는 예로부터 동방예의지국이라는 말을 들어왔다. 장유유서가 뚜렷하고 없는 살림에도 더 배고픈 이웃을 위해 밥상을 차려 내놓았다. 이웃의 좋은 일에는 함께 웃어주고 슬픈 일에는 함께 울어주었다. 아이가 잘못했을 때는 부모가 자신의 종아리를 때려서라도 아이에게 본이 되는 교육을 시켰다. 그렇게 예를 중시하던 우리나라가 어쩌다 이렇게 변해버렸을까.

이 모든 문제는 인성 교육의 부재에서 비롯되었다고 생각한다. 급격한 산업화와 경제 발달에 휩쓸려 너도나도 부와 물질만을 좇고 정신적인 것은 다 폐기처분해야 할 고리타분한 것이라 여기며 도외시한 까닭이다. 그 결과로 온갖 사회문제가 야기되었고 더 이상 방치할 수 없을 정도로 심각하게 곪아가고 있다.

우리 사회의 심각한 소통 불능의 원인 중 하나는 아이들이 어려서부터 부모에게서 공감과 이해를 제대로 받지 못하고 자랐다는 데 이유가 있다고 본다. 요즘 부모들은 아이가 태어나기 전부터 아이의 인생 로드맵을 다 짜 놓고 거기에 맞춰 아이를 쉴 새 없이 몰아친다. 힘없는 아이는 부모가 시키는 대로 로봇처럼 살아갈 수밖에 없다. 그렇게 아이는 힘들어도 제 마음을 표현하지 못한 채, 제 마음을 이해받지 못한 채 성인이 되고 만다.

자신의 마음을 알아주지 않는 부모 밑에서 자란 아이는 다른 사람의 마음을 공감하거나 이해할 수가 없다. 그래서 남의 마음을 짓밟고 괴롭히는 일이 아무렇지도 않은 것이다. 그것이 남에게 어떤 영향을 끼치는지, 어떤 상처를 주는지 생각해보지도 않은 채 모진 말을 뱉어내고 돌멩이를 던져댄다.

아이 키우기 힘들다며 동동거리는 엄마들은 자신을 깊게 성찰해볼 필요가 있다. 욕심을 내려놓고 우선적으로 아이의 마음을 들여다봐야 한다. 아이가 미운 짓만 일삼는다면 엄마의 정이 그리워서, 관심이 필요해서 그러는 경우가 대부분이다. 그런 아이의 마음을 이해하지 못한 채 아이에게 하루 종일 "안 돼", "하지 마"만 외쳐대고 "너는 왜 그 모양이냐!", "너 때문에 미치겠다!"라고 혼만 내서는 아이의 행동을 바로 잡을 수가 없다. 말썽부리는 아이일수록 따뜻하게 안아주고, 아이 말에 고개를 끄덕여주고, 아이 눈높이에서 함께 놀아줘야 한다. 그렇게 부모로부터 공감을 충분히 받아야만 아이는 다른 사람과도 서로 공감하고 이해하며 좋은 관계를 맺고 행복하게 살아갈 수 있다.

옛날 우리 부모들은 못 살고 못 배웠지만 따뜻한 정 하나로 예닐곱 명의 자식들을 길러냈다. 그들은 자식들을 겨우 먹이고 입히는 것으로 부모 역할을 다했지만 그렇다고 자식들이 부모를 무시하고 말이 통하지 않는다며 밀어내지 않았다. 그들은 단지 몇 마디 말로도 자식들과 마음을 주고받았다. 이불 속에 넣어둔 따뜻한 밥 한 그릇으로도, 아궁이에 데워놓은 고무신 한 켤레로도, 식을 새라 가슴에 품고 온 군밤 한 봉지만으로도 따뜻한 정을 주고받았다. 자식에게 기대하는 마음이 있긴 했지만 그렇다고 앞장서서 자식의 삶에 관여하지는 않았다. 자식들도 그런 부모의 마음을 알았기에 알아서 열심히 공부하고 열심히 일하며 제 앞가림을 해나갔다.

　지금은 그런 부모 자식 간의 본연의 정이 더욱 필요한 때이다. 아무 계산 없이, 누구의 희생이 더 큰가를 저울질하지 말고 마음으로 정을 주고받는 관계를 만들어야 한다. 교육은 '많이'가 아니라 '제대로' 가르치는 것이 중요하다. 단편적인 지식만 아이들 머릿속에 주입시킬 것이 아니라 지(智), 덕(德), 체(體), 예(禮)를 골고루 갖춘 훌륭한 인격체로 길러내야 한다. 그래야만 아이들의 미래에 희망을 걸 수 있다.

부족하면
부족한 대로 느긋하게

부모가 완벽하게 청사진을 그려놓으면 아이는 그 길대로만 따라가면 되는 것일까. 그 길을 따라가는 아이는 부모의 소망대로 행복의 파랑새를 얻게 되는 것일까. 그렇지 않다. 아이는 부모의 분신이 아니라 자율적이고 독립적인 또 다른 인격체이기 때문이다. 영혼 없는 로봇이 아니라 감성이 풍부한 '사람'이기 때문이다.

어느 조사에 따르면 70퍼센트가량의 젊은 엄마들이 임신과 더불어 불안증과 두려움을 느낀다고 한다. 또 약 70퍼센트의 부부가 육아 문제로 각방을 쓴다고도 한다. 대부분의 엄마들이 직장에 다니는 피곤한 남편을 위해 방을 따로 쓰며 아기를 돌보는 것이다. 조사 결과를 보며 안타까운 생각이 들었다. 워킹맘이 대세인 시대에 우리는 아직도 육아를 엄마의 몫으로만 생각하고 있으니 말이다. 그러니 육아가 힘겹고 두려운 일일 수밖에.

우리나라의 2013년도 1가구당 출산율은 1.19명이다. 이 수치는 이제 대다수의 부모가 평생 한 명 정도의 자녀만 갖는다는 것을 의미한다. 자녀 수가 줄다 보니 그만큼 아이에 대한 기대감은 더욱 높아졌다. 부모는 아이를 잘 키우기 위해 임신 전부터 아이의 미래 청사진을 완벽하게 그려놓는다. 아이의 인맥 관리를 위해 강남에 있는 산후조리원을 예약해놓고 사교육 1번지인 대치동에 일찌감치 터를 닦아놓기도 한다. 제대로 된 영어 교육을 병행한다는 놀이학교, 창의력을 길러준다는 학원도 미리 알아놓는다. 그렇게 대학 교육까지, 아니 아이의 인생 전부를 미리 계획한다. 내 분신인 소중한 아이가 실패라는 쓰라린 경험을 겪지 않도록, 내 아이만은 쭉 뻗은 성공 가도로만 달려갈 수 있도록 부모는 그렇게 열 걸음, 백 걸음 앞서 빈틈없이 준비해놓는 것이다.

부모가 완벽하게 청사진을 그려놓으면 아이는 그 길대로만 따라가면 되는 것일까. 그 길을 따라가는 아이는 부모의 소망대로 행복의 파랑새를 얻게 되는 것일까. 그렇지 않다. 아이는 부모의 분신이 아니라 자율적이고 독립적인 또 다른 인격체이기 때문이다. 영혼 없는 로봇이 아니라 감성이 풍부한 '사람'이기 때문이다.

갓 태어난 아기들은 우는 것 말고는 할 줄 아는 게 없다. 그 울음소리에 따라 부모가 적절히 반응해주고 욕구를 충족시켜주면 아기는 행복한 얼굴로 잠에 빠져든다. 아기가 세상을 살아가는 데 필요한 기술을 익히기 위해서는 시간이 필요하다. 이제 막 두 다리로 일어선 아이한테 걸으라고 할 수 없고, 겨우 한 발짝씩 떼는 아이한테 달리라고 할 수는 없는 노릇이다.

엄마들도 마찬가지다. 학교에서는 많은 지식을 가르쳐주지만 '엄마'가 되는 방법은 가르쳐주지 않는다. 학교뿐 아니라 그 어디에서도 똑 떨어지는 답을 들을 길이 없다. 모든 사람들이 이처럼 얼떨결에 부모라는 '책임'을 떠맡게 된다. 온갖 좌충우돌의 시간들을 겪으며 그제야 엄마도 엄마 노릇이 처음이었다는 사실을 깨닫게 된다. 그런 초보 엄마들이 처음부터 가사와 육아를 완벽하게 해낸다는 것은 어불성설이다. 유아 교육을 전공한 사람들조차 실제로 자기 아이를 낳아 키울 땐 이론과는 너무 다른 현실에 놀라고 당혹스러워한다.

아기를 키워본 사람은 알 것이다. 육아가 얼마나 힘들고 지치는 일인지. 더구나 초보 엄마들은 육아와 살림의 고된 무게 앞에서 쩔쩔맬 수밖에 없다. 주위에 도움 받을 사람이 있다면 다행이지만 가족이 많지 않은 요즘에는 도움을 청할 곳도 마땅치 않다. 온라인 속 정보에 기대거나 육아서를 탐독하며 전투하듯 힘겹게 버텨내야 한다.

과거에 비해 남편들이 가사와 육아를 분담하는 편이긴 하지만, 대다수의 남자들은 바쁘다는 핑계로 집에 늦게 돌아오기 일쑤다. 전업주부라면 그나마 다행이지만 워킹맘들은 집에 돌아오면 산더미 같은 집안일과 육아까지 모두 도맡아 해야 한다. 네다섯 시간의 수면 시간을 빼고는 휴식 없이 풀가동해야 하는 것이다. 엄마라는 이름으로, 빛나는 모성으로 어찌어찌 견뎌내지만 시간이 지날수록 육체적, 정신적 한계를 절감하게 된다.

지치고 우울해진 엄마는 무심한 남편한테 분노의 화살을 날린다. 극심한 경쟁 사회에서 고군분투하는 남편 역시 힘들긴 마찬가지라 화살은 팽팽하게 서로를 겨눈다. 아이들을 사이에 두고 부부간의 전쟁이 수시로 일어난다. 아이들은 구석에 웅크린 채 엄마 아빠의 싸움을 지켜본다. 화살이 자신들한테로 향할까봐, 어쩌면 결국 버림받을지도 모른다는 두려움에 아이들

의 마음은 상처로 얼룩지고 만다. 예전에도 엄마 노릇이 쉽지는 않았겠지만 그래도 지금처럼 힘들지는 않았을 것이다. 환경 자체가 급변해버린 탓도 크다. 아이들을 통제하는 일이 점점 더 어려워지고 경쟁은 날로 심해져 아이들을 교육시키는 것도 예전에 비할 수 없이 부담스러워졌다. 과거의 엄마들이 남편과 아이 이야기로 경쟁을 벌였다면, 21세기 슈퍼맘은 남편과 아이 외에 자신이 얼마나 잘 살고 있으며 행복한지까지 입증해야 한다. 게다가 여자도 일이 있어야 한다는 의식이 팽배해져 전업주부로 살며 아이만 돌보면 왠지 낙오자가 된 듯한 불편한 시선마저 감수해야 한다. 그런 상황에서 행복해지기란 좀처럼 쉬운 일이 아니다.

하지만 그 모든 이유에도 불구하고 엄마들은 행복해야 한다. 엄마들이 먼저 행복해질 때 아이들도 행복해지기 때문이다. 엄마라면 모든 이유를 떠나 아이의 행복에만 집중해야 한다. 엄마가 힘들고 우울하면 아이도 엄마 눈치를 보며 불안정한 정서를 갖게 되고 결국 관계 맺기에 어려움을 겪게 된다. 자신의 느낌이나 생각을 표현하는 법을 제대로 배우지 못해 사회적으로 외톨이가 되고 마는 것이다.

행복한 엄마가 되기 위해서는 고통스러운 육아 현실에 분노하기보다, 초보 엄마이기 때문에 완벽하지 않다는 것과 혼자서는 다 할 수 없다는 것을 받아들여야 한다. 그런 다음 도움의 손길을 적극적으로 찾아보는 것이다. 우선 가장 가까운 남편과 대화를 통해 가사와 육아를 분담하는 것부터 시작한다. 한 번 말해서 단번에 들어주는 남편은 드물다. 몇 번을 청해도 들어주지 않는다면 특단의 조치가 필요하다. 주말을 이용해 하루든 이틀이든 아이를 남편에게 맡겨두고 집을 떠나 있는 것이다. 그렇게 해야만 남편도 육아와 가사가 쉽지 않다는 것을 인식하고 도움의 손길을 기꺼이 내밀게 된다.

엄마들은 슈퍼맘이 되어야 한다는 강박에서 벗어날 필요가 있다. 청소며 요리, 육아, 모든 것을 완벽히 해내기 위해 에너지를 쏟다 보면 지치게 마련이다. 뭐든 적당히 하면 된다. 나의 경우엔 하루 종일 잠옷 바람으로 온 집안을 난장판으로 만들어가며 아이들과 함께 놀고 책을 읽고 그림을 그렸다. 내 멋대로 시나리오를 써서 아이들을 분장시키고 재미나게 역할극을 하기도 했다. 역할극을 통해 여러 가지 규칙도 가르쳤다. 예를 들면 '손님놀이'를 하며 각자의 영역을 청소하거나, 옷을 말끔히 차려입는 방법, 쟁반에 컵을 받쳐 내오는 것 등을 가르쳤다.

아이들과 나는 난리법석을 떨며 놀다가도 남편이 퇴근할 때쯤이면 손님놀이를 통해 배운 것을 실행에 옮겼다. 각자의 영역을 후다닥 정리하고 말끔히 씻고 옷을 갈아입었다. 그런 다음 현관에 나란히 서서 아빠를 맞이했다. 나는 일부러 호들갑을 떨면서 아이들이 얼마나 깨끗이 청소를 잘했는지, 얼마나 잘 씻고 옷을 잘 갈아입었는지를 떠벌리며 남편의 칭찬을 유도했고 남편도 과하게 아이들을 칭찬해줬다. 칭찬받은 아이들은 다음번엔 더 잘하려고 노력했다.

아이들을 키우는 것이 두렵고 힘든 일만은 아니다. 완벽하게 청소하고, 완벽하게 요리를 만들어 먹이고, 완벽하게 공부시키려는 마음만 덜어내면 된다. 공부, 공부, 말로만 잔소리를 해댈 것이 아니라 아이들과 더불어 알아간다는 생각으로 함께 책 읽고, 함께 그림 그리고, 함께 여기저기 견학을 다닌다면 무엇이 그리 힘들겠는가. 엄마가 느긋하고 행복해지면 그 마음이 전달되어 아이들도 그렇게 커간다. 그런 아이들이 자존감이 높고 환경 적응력이 뛰어나 공부도 잘하게 된다. 아이가 학교에서 돌아오면 하던 일은 일단 미뤄두고 아이와 함께 맛있는 것을 먹으며 도란도란 얘기해보자. 아이와 눈을 맞추고 얘기하다 보면 부모 자식 간에 비밀이란 있을 수 없다. 엄마의 애정 어린 관심이 울타리가 되어주는 한 아이가 엇나갈 일도 없다. 학교에서 공부만 하다 온 아이를 다시 공부하라라며 등 떠밀지 말고 아이가 푹 쉴 수 있도록 엄마가 반갑게 맞이해주면 되는 것이다.

일하는 엄마라면 시간을 정해놓고 집중적으로 놀아주면 된다. 아이들도 어느 정도 자라면 엄마가 피곤하다는 것과 할 일이 많다는 것 정도는 이해할 수 있다. 충분한 대화로 엄마의 상황을 이해시키고, 몇 시부터 얼마 동안 놀아줄지 약속을 한 뒤 그 시간에는 다른 일은 무조건 제쳐두고 아이와 함께 시간을 보내야 한다. 엄마가 약속을 지키면 아이들도 그 시간 외에는 엄마를 방해하지 않는다. 처음에는 어렵더라도 몇 번 그런 식으로 하다 보면 아이도 그 패턴에 익숙해지기 때문이다.

아이들이 부모에게 원하는 것은 거창하지 않다. 그저 눈 맞추며 얘기하고, 함께 재미있는 책을 읽고, 마주 보고 웃으며 놀고 싶은 것이다. 그러니 부모는 아이와 눈높이를 맞추고, 부모 자신의 어린 시절 친구와 마주한 듯같이 놀면 된다. 엄한 표정으로 아이에게 수학 문제를 풀라며 감시할 것이 아니라 몸을 맞대고 신나게 놀아주기만 하면 되는 것이다. 얼마나 쉽고 즐거운 일인가.

잘못을 지적할 땐
구체적으로 말해줘야 한다

부모와 아이는 대화로써 모든 문제를 해결해나가야 한다. 아이 스스로
실천할 수 있도록 시간을 두고 지켜보는 여유도 필요하다. 그래야 아이
는 부모를 신뢰할 수 있고, 자기 통제력을 기를 수 있으며, 책임감 있는
사람으로 자라나 사회에 나가서도 다른 사람과 폭력이 아닌 대화로 문
제를 풀어갈 수 있다. 부모가 자신을 믿고 존중해준 것처럼 타인을 믿고
존중하며 약자를 자신과 다르다고 괴롭히지 않는다.

똑같이 4개월 된 원숭이 아기와 인간 아기의 인지 능력을 비교한 실험
이 있었다. 원숭이 아기는 눈을 반짝이며 영리하게 이것저것 아는 체를 하
고 외부와 소통을 하는 반면, 같은 개월 수의 사람 아기는 이렇다 할 자각도
반응도 보이지 않았다고 한다. 그 이유는 사람의 뇌에는 1천억 개의 뉴런이
있어서 이것들이 제자리를 잡고 신호를 주고받으며 자극을 전달하려면 오
랜 시간에 걸친 환경적 경험이 필요하기 때문이다. 이 이론대로라면 규칙을
지키고 그것을 내면화하고 체질화하기까지는 시간이 많이 걸린다는 얘기
다. 세 살 버릇 여든까지 간다는 말처럼 어려서부터 훈육을 통해 좋은 습관
을 길러주는 것이 얼마나 중요한 일인지를 알 수 있는 대목이다.

텔레비전을 보면 아이를 교육시키는 프로그램이 종종 눈에 띈다. 말썽꾸

러기 아이를 훈련시켜 의젓하게 만드는 법이나, 밥 안 먹고 반찬 투정하는 아이를 잘 먹게 하는 법, 또는 거짓말 하는 아이를 어떻게 교육시켜야 할지 등을 자세히 알려준다. 그런 프로그램을 보더라도 아이는 어려서부터 훈육에 의해 얼마든지 변할 수 있다는 것을 알 수 있다.

아이를 훈육한다고 해서 쉽게 체벌을 가해서는 안 된다. 폭력은 또 다른 폭력을 부를 뿐이다. 아이는 자기가 왜 맞는지 그 이유를 생각하기보다는 폭력 자체에 두려움을 느끼고 억울한 감정을 갖게 된다. 그래서 그 자리를 모면하기 위해 거짓으로 순종하게 되고 시간이 지나면 나쁜 버릇은 또다시 나타난다. 아이를 훈육할 때 감정적으로 대응하지 말고 이성적으로 차분하게 설득해야 하는 이유다.

아이를 훈육하기에 앞서 엄마는 자신의 마음 상태부터 살펴봐야 한다. 내 감정에 치우쳐 아이를 혼내고 있는 것은 아닌지, 내가 지금 너무 흥분해 있지는 않은지 돌아봐야 한다. 만약 그렇다면 잠시 시간을 두고 화를 가라앉힌 후 아이와 대면해야 한다. 아이는 엄마의 화풀이 대상이 아니다. 또 아이를 혼내거나 지적하기 전에 아이에게 자신의 행동을 설명할 시간을 주는 것이 좋다. 아이의 말도 듣지 않고 무조건 혼부터 내면 아이는 억울한 감정을 갖게 된다. 아이가 자신의 행동을 충분히 설명할 수 있도록 기다려주고 설명이 다 끝난 후에 엄마는 아이의 잘못된 점을 조곤조곤 말로 이야기하고 해결 방법을 일러주면 되는 것이다.

가령 아이가 다른 아이의 장난감을 가져와버린 경우를 생각해보자.

엄마는 "왜 친구의 장난감을 가져왔니?"라고 아이의 행동만을 지적해서 묻고 아이의 대답을 기다려준다. 이때 아이가 "갖고 놀고 싶어서요"라고 대답하면, "그랬구나. 네가 그 장난감을 갖고 놀고 싶었구나. 장난감이 좋아 보여 그런 마음이 들었을 수도 있겠다"라며 일단 아이의 마음을 알아준다. 그런 다음 엄마의 마음을 솔직히 이야기한다.

"그래도 엄마는 좀 마음이 아파. 친구가 장난감이 없어졌다고 얼마나 속상해하겠니? 너도 친구가 아무 말도 없이 네 장난감을 가져가버리면 속상하겠지?"

이렇게 말하면 아이도 엄마의 마음을 알아차리고 무엇을 잘못했는지 깨닫게 된다. 그런 후에 구체적인 방법을 가르쳐주면 된다.

"친구한테 가서 미안하다고 하고 장난감을 돌려주면 좋겠어."

아이가 엄마의 말에 따라 친구한테 사과하고 장난감을 돌려주었다면 그 점을 칭찬하고 아이를 껴안아주는 것으로 아이의 노력을 보상해주면 된다.

아이가 잘못을 했을 때 "왜 그렇게 못됐니!", "넌 나쁜 아이야!", "왜 그렇게 산만하니!"라고 혼내며 아이의 성격이나 기질로 아이를 평가하는 건 좋은 방법이 아니다. 그러면 아이는 잘못을 반성하기보다 자신을 잘못된 존재, 나쁜 사람으로 인식하게 되고 그에 따라 더 나쁜 행동을 하기도 한다.

이번엔 식당에서 아이가 뛰어다니는 경우를 예로 들어보자. 사람들이 시끄럽게 뛰어다니는 아이를 보며 수군거린다. 어떤 사람은 직접 아이를 혼내기도 한다. 이 경우 몰상식한 엄마는 되레 왜 내 아이 기를 죽이냐며 화를 낸다. 그러나 상식이 있는 대부분의 엄마는 아이를 겁주거나 야단을 쳐서 의

자에 앉힌다. 하지만 엄마 때문에 억지로 의자에 앉게 된 아이는 금세 다시 엉덩이를 들썩이며 뛰어다닐 궁리를 한다.

아이들은 네댓 살만 되어도 엄마의 말을 잘 이해할 수 있다. 또 말로 이해시켜 훈육하면 더 효과가 좋다. 아이를 붙잡고 아이의 마음부터 공감해준 다음 엄마의 기분을 솔직히 말해보자.

"오랜만에 식당에 오니까 신나서 막 뛰어다니고 싶지? 음, 엄마도 네 맘 이해해. 하지만 식당에서 뛰어다니면 안 돼. 다른 사람들도 맛있게 밥을 먹으러 온 거니까 조용히 해야 하는 거야. 네가 자꾸 뛰어다니고 사람들이 수군거리면 엄마는 많이 속상해. 그러니까 이제 여기 앉아서 음식을 기다리자, 알았지?"

이런 식으로 상황을 설명하면 아이는 엄마 말에 공감하고 자리에 앉는다. 아이 스스로 자리에 앉았기 때문에 아이는 더 이상 말썽을 부리지 않게 되는 것이다.

아이들은 세 살 무렵이 되면 거짓말을 술술 한다. 다섯 살 이전에 하는 거짓말은 부모나 어른의 관심을 끌려고 하는 것이어서 뻔히 들여다보이기도 하고 오히려 귀엽기도 하다. 그래서 대부분의 어른들은 남에게 피해를 주지 않으니 괜찮다며 웃어넘기고 만다. 하지만 그런 거짓말도 계속 하다보면 습관이 될 수 있어 고쳐줄 필요가 있다. 그렇다고 너무 엄하게 아이를 꾸짖으면 아이의 정서발달에 좋지 않을뿐더러 아이가 입을 다물어버리기 때문에 좋은 말로 타이르는 편이 낫다. 일단 거짓말 하는 이유를 파악해서 아이의 마음을 헤아려준 후에 권선징악을 주제로 한 전래동화나 애니메이션을 활용해 거짓말이 나쁘다는 인식을 심어주어야 한다.

만 5세가 넘어가면 아이는 옳고 그름을 판단할 수 있을 정도의 사고능력을 갖추게 된다. 타인의 마음을 공감할 능력이 생기면서 다른 사람을 도와주기 위해 거짓말을 하기도 하고, 자기에게 유리한 상황을 만들려고 거짓말을 하기도 한다. 부모가 원하는 일을 하지 못해 부모를 실망시킬까봐, 또는 잘못된 행동으로 인해 체벌이나 벌을 받을까봐 두려운 마음에 거짓말을 하기도 하는 등 어른처럼 거짓말하는 이유가 다양해진다. 그럴 경우 잘못된 습성이 몸에 배기 전에 단호한 훈육이 반드시 필요하다.

아이가 거짓말을 계속하면 부모는 너무 실망한 나머지 아이를 거짓말쟁이라고 비난하며 아이를 믿지 못하게 된다. 내가 아는 어떤 부모는 아이의 거짓말을 고쳐준다며 추운 겨울인데도 옷을 벗겨 현관문 밖에 세워놓은 경우도 있었다. 하지만 그런 극단적인 방법은 아이에게 씻을 수 없는 상처를 남긴다. 여러 번 말해서 듣지 않는 경우라도 아이의 마음에 상처가 남지 않도록 현명한 방법을 찾아봐야 한다.

규칙을 정할 때도 아이와 함께 정하는 것이 좋다. 네가 잘못을 저지르면 이런저런 벌이 있다는 것을 미리 알려주어야 아이가 스스로 행동을 통제할 수 있다.

"거짓말을 한 번 하면 네가 제일 좋아하는 장난감을 사흘 동안 가지고 놀 수 없어", "거짓말을 두 번 하면 일주일 동안 게임은 못하는 거야", "엄마 돈에 손을 대면 하루 종일 깨달음 방에 혼자 있어야 돼"라고 규칙을 정한다.

이때 벌의 강도는 아이와 충분히 의견을 나눈 다음 정하는 것이 좋다. 그래야 아이가 자발적으로 규칙을 더 잘 지키기 때문이다.

아이의 잘못된 습관을 고치려면 부모의 일관된 행동이 무엇보다 중요하다. 어느 때는 안쓰럽다며 대충 넘어가주거나, 어느 때는 자기감정에 북받쳐 아이를 과도하게 혼내거나, 아이가 잘한 일이 있으면 잘못은 유야무야 없는 것으로 덮고 지나가버린다면 아이는 부모의 일관성 없는 반응에 혼란을 느끼게 되고 나쁜 습관도 영영 고칠 수 없게 된다.

아이의 훈육은 엄마보다 아빠가 담당하는 것이 더 효과적이다. 아이들이 어느 정도 자라면 엄마의 말은 잔소리로만 들리고 아예 귀를 닫아버리는 경우도 있다. 반면 아빠는 아이들에게 강한 존재, 가장 힘센 어른으로 인식되기 때문에 아빠의 말이라면 곧잘 듣는다. 그런데 이때 조심해야 할 것이 한 가지 있다. 아빠가 아이를 혼낼 때 엄마가 참지 못하고 끼어들면 안 된다. 설령 아빠의 방법이 잘못되었더라도 아이 앞에서 아빠를 비난하지 말고 조용히 불러 이야기를 나누는 것이 현명한 태도이다. 그런 다음 다른 좋은 방법을 제시해주면 된다.

아이를 훈육할 때는 단호한 어조로 구체적으로 지적하는 것도 중요하다. "지금은 식사 시간이야. 지금 바로 먹지 않으면 상을 치울 거다!", "동생한테 욕하면 안 된다고 했지? 빨리 미안하다고 사과해", "지금은 자기로 약속한 시간이야. 텔레비전 끌 테니 이제 방으로 들어가 자!" 이렇게 예고한 후에 말한 대로 바로 실행해야 한다. 그래야 아이는 약속은 반드시 지키는 것으로 생각하고 잘 따르게 된다.

귀한 아이일수록 엄하게 키우라는 말이 있다. 어려서부터 가정에서 제대로 인성교육을 받지 못한 아이들은 사회성이 결여되어 학교 폭력에 노출될 가능성이 높다. 시간이 없어서, 만사 귀찮아서, 아니면 나이가 들면 나아지겠지, 학교에 가면 다 배우겠지 하며 부모의 가르치는 역할을 포기해버린다면 아이는 바른 가치관을 정립할 기회를 영영 잃고 만다.

부모는 아이와 대화로써 모든 문제를 해결해나가야 한다. 훈육을 할 때도 마찬가지다. 아이와 함께 대화를 통해 합리적인 규칙을 정한 다음, 아이 스스로 실천할 수 있도록 시간을 두고 지켜봐야 한다. 그렇게 해야 아이는 부모를 신뢰할 수 있고, 자기 통제력을 기를 수 있으며, 책임감 있는 사람으로 자라나 사회에 나가서도 다른 사람과 폭력이 아닌 대화로써 원만하게 문제를 풀어갈 수 있다. 부모가 자신을 믿고 존중해준 것처럼 타인을 믿고 존중하며 약자를 자신과 다르다며 괴롭히지 않는다.

나는 어떤 자녀를 원하는가. 내 아이가 타인을 괴롭히는 폭군이 되길 바라는가, 아니면 타인과 관계를 잘 맺으며 행복하게 살아가길 바라는가. 스스로를 점검해봐야겠다. 나는 아이에게 무엇을 가르치고 있는가를.

아이들이 부모에게서
가장 듣기 싫어하는 말

말은 씨앗이다. 말 한마디가 마음밭에 떨어져 고운 꽃이 피기도 하고 가시덤불이 되기도 하며 한 사람의 운명을 결정짓기도 한다. 말의 힘은 세다. 그래서 아이를 둔 부모라면 말 한마디라도 조심해서 해야 한다. 무심코 던진 한마디 말이 내 아이의 가슴에 못이 되지 않도록 부정적인 말 대신에 격려의 말, 칭찬의 말을 해주어야 한다.

지인 중에 말을 조리 있게 잘하는 사람이 있다. 그는 말을 적시적지에 잘 활용하고 상대방의 단점을 지적하는 말이라도 기분 상하지 않게 긍정적으로 잘 전달한다. 언변이 부족해 말실수가 잦은 나는 그런 그가 부럽다. 그래서 어떻게 그렇게 말을 잘하느냐고 물어봤더니 노력에 의한 것이라고 했다. 대화도 하나의 기술이기 때문에 무턱대고 하는 것이 아니라 만날 사람에 대해 먼저 파악한 뒤 그에게 적합한 말을 연구하고 생각을 거듭한 후에 상대를 만난다는 것이다. 집에서 아이들에게 말을 할 때도 미리 몇 마디 연습을 한 다음에 아이들 앞에 선다니 참 현명한 사람이라는 생각이 든다.

사춘기 아이들이 부모에게 듣기 싫어하는 말과 관련해 설문 조사한 것을 본 적이 있다. 아이들이 부모에게서 가장 듣기 싫어하는 말은 '명령조의 말'

이었다. "당장 컴퓨터 꺼!", "밥 먹어!", "불 꺼!", "양치해!", "숙제 해!" 등등. 그런 말 대신 "~하는 게 어때?", "~하면 안 될까?", "~할래?", "~하면 좋겠다"와 같은 긍정적인 표현을 사용하면 아이와의 관계가 훨씬 부드러워진다. 부모가 일일이 간섭하고 지시하다보면 자녀 스스로 판단해 행동하는 자율성을 기를 수 없고, 부모에게 의존하거나 아니면 권위에 반발심을 느끼고 불평불만을 일삼는 어른으로 자라게 된다.

아이들이 두 번째로 듣기 싫어하는 말은 '비교하는 말'이다. 아이의 특성과 자질을 제대로 살피지 못한 채 엄친아, 엄친딸처럼 행동하기만을 바란다면 아이는 부모를 미워하거나 원망하게 되어 더 엇나갈 수 있다. "엄마 아빠가 해준 게 뭔데! 그 집 부모들처럼 언제 내 맘 이해나 해줬어?", "그 아줌만 공부 잘해서 교수 됐대. 엄만 뭘 잘했는데?". 자꾸 다른 아이와 비교하다보면 결국 부모한테 그 화살이 날아온다.

세 번째는 '비하하는 말'이다. "네까짓 게 뭘 안다고 그래?", "넌 왜 만날 그 모양이냐!". 부정적이고 험한 말은 아이를 위축시키고 자신감을 잃게 하며 수동적이고 남의 눈치를 보게 만든다.

네 번째는 '부담을 주는 말'이다. "너만 믿는다", "너는 큰딸이니까", "너는 장남이니까, 네가 잘해야 동생들도 잘한다", "점쟁이가 그러는데 네가 제2의 ○○가 된다더라. 그렇게 되면 나중에 엄마한테 아파트 한 채 사줄 거지?" 등등. 믿는다는 말은 아이에게 힘이 되기도 한다. 하지만 너무 자주 들으면 부담스럽기 마련이다. 그러니 아이가 많이 힘들어할 때 격려 차원에서만 "너를 믿어, 힘내!"라고 말해주자.

다섯 번째는 일방적인 '금지의 말'이다. "안 돼!", "하지 마!", "뛰지 마!",

“건드리지 마!”… 아이가 태어나서 가장 많이 듣는 말이 바로 금지어다. 특히 좁은 아파트에서 생활하는 요즘 아이들은 맘대로 뛸 수도 없고 맘대로 소리 지를 수도 없다. 항상 엄마 눈치를 봐야 하고 엄마 명령에 따라야 한다. 부모가 사사건건 간섭하고 못하게 하면 아이는 자신감을 잃어 소극적이고 부정적인 사람이 되기도 하고 반대로 분노를 폭발시키기도 한다. 숙제나 문자를 확인하려고 휴대폰만 들어도, 컴퓨터만 켜도 예민하게 반응하며 “하지 마!” 하고 외치는 부모들. 물론 계속 그런 것만 들여다보고 있는 아이에게 일차적인 책임이 있겠지만 부모도 똑같은 잔소리를 하기보다는 다른 방법을 찾아볼 필요가 있다.

아이가 좋아할 만한 주제로 대화를 유도해보는 건 어떨까. “엄마는 밥 먹을 땐 서로 얼굴 보면서 먹고 싶어. 이제부터 식탁에 휴대폰은 가져오지 말자. 어떻게 생각해?”, “○○야, 신문에서 보니 이번에 네가 좋아하는 ○○가 새로 앨범을 냈더라. 그 노래 참 좋던데, 엄마한테 다운 좀 받아줄래?”, “○○야, 요즘 ○○영화 하더라. 엄마도 그 영화 보고 싶어. 주말에 우리 가족 다 같이 볼까? 네가 예매 좀 해줄래?”. 공부나 성적 외에 다양한 얘깃거리를 만들어 아이와 대화를 나누면 분위기도 한결 부드러워진다.

말은 씨앗이다. 말 한마디가 마음밭에 떨어져 고운 꽃이 피기도 하고 가시덤불이 되기도 하며 한 사람의 운명을 결정짓기도 한다. 미국에서 주로 활동하고 있는 어느 피아니스트는 어렸을 때 신부님에게서 들은 말 한마디

때문에 피아니스트가 되었다고 고백했다.

"넌 참 손가락이 길고 예쁘구나. 나중에 피아니스트가 되면 좋겠다."

신부님이 지나가며 무심코 던진 한마디가 그녀의 마음속에 싹을 틔웠고, 가난한 형편에도 불구하고 음악을 계속할 수 있는 힘을 주었다. 반면 어떤 사람은 말 한마디 때문에 사형수가 되었다. 지존파의 대부였던 청년이 법정에서 사형선고를 받았다. 최후 진술에서 그는 이렇게 말했다.

"17년 전, 초등학교 시절 미술 시간에 크레파스를 가지고 오지 않았다고 선생님께 호되게 꾸지람을 들었습니다. 저는 그 당시 너무나 가난해서 크레파스를 가지고 올 수가 없었는데 그 말을 차마 할 수가 없었습니다. 그러자 선생님은 '너는 왜 말을 듣지 않느냐?'며 화를 내셨고 심하게 체벌하셨습니다. 나중에는 '준비물을 가져오라면 훔쳐서라도 가져와야 될 것 아니냐?'라고 했습니다. 제가 엇나가기 시작한 것은 그때부터였습니다. 선생님의 사소한 말 한 마디가 제 인생을 바꿔놓은 것입니다. 그때부터 저는 물건을 훔치기 시작했고 훔치는 것이 재미있었습니다. 조직폭력에 가담해서 살인도 했습니다. 결국 도둑질을 시작한 것이 제 운명을 이렇게 만들었습니다."

말의 힘은 세다. 그래서 아이를 둔 부모라면 말 한마디라도 조심해서 해야 한다. 무심코 던진 한마디 말이 내 아이의 가슴에 못이 되지 않도록 부정적인 말 대신에 격려의 말, 칭찬의 말을 해주어야 한다.

19세기 초에 활동했던 세계적인 화가 중에 벤자민 웨스트(Benjamin West)라는 사람이 있다. 하루는 그의 부모가 외출을 하고 벤자민 혼자 집에 남게 되자 심심한 나머지 방바닥에 그림물감을 죄다 풀어서 누이동생을 그리기 시작했다. 생전처음 그려보는 그림이었다. 그러니 방만 지저분해졌을 뿐 그림은 형편없었다. 부모가 외출에서 돌아와 보니 방 안이 난장판이 되어 있었다. 그럼에도 부모는 혼내기보다는 오히려 아이가 그린 그림에 관심을 보이며 칭찬을 했다.

"야, 우리 벤자민이 그림을 참 잘 그리는구나! 한눈에 봐도 동생을 그린 것을 딱 알겠는데! 우리 벤자민은 커서 훌륭한 화가가 될 거야."

그러면서 벤자민을 꽉 끌어안고 머리를 쓰다듬으며 볼에 입맞춤을 해주었다. 나중에 벤자민은 그 일을 이렇게 회상했다.

"내가 지금처럼 세계적인 화가가 될 수 있었던 것은, 그때 우리 부모님이 보여준 격려와 사랑의 입맞춤 때문이었습니다."

아이를 낳았다고 모두가 좋은 부모인 것은 아니다. 아이를 제대로 사랑하는 법을 모르는 부모도 많다. 아이와 어떻게 소통해야 하는지 모르는 부모도 있다. 좋은 부모가 되기 위해서는 우선 부모 자신의 욕심과 불안을 잘 다스려야 한다. 아이를 있는 그대로 바라보고 부드러운 말과 표정으로 아이와 눈을 맞추고 대화해야 한다. 대화란 서로 마음과 마음, 말과 말을 주고받는 것이다. 혼자만의 의견을 일방적으로 말하고 끝내는 것이 아니라 상대방의 마음을 읽어내고 생각을 들어주는 일이다. 서로 이견이 있더라도 화를 내며 아이의 입을 막아버리는 것이 아니라 알아듣게 이해시키며 생각의 차이를 줄여가는 과정이다.

자기감정을 조절 못하고 걸핏하면 화를 내는 부모 밑에서 자란 아이들은 공격적이며 반항적인 사람으로 자랄 가능성이 크다. 내 경험에 비춰보더라도 대화를 하다가 화가 날 때는 일단 자리를 피하는 것이 상책이다. 마음을 가라앉힌 후 돌아와 아이한테 솔직하게 감정을 표현해야 한다. "아까는 엄마가 화내서 미안했어. 용서해줄래?"라고.

도저히 말로 할 수 없다면 문자나 편지를 이용해도 좋다. 부모의 사과를 받으면 아이는 자신도 잘못했다며 사과하게 된다. 그렇게 화해 분위기가 조성된 뒤 아이가 좋아하는 일을 함께 해주면 부모 자녀 관계가 좋아지고, 아이는 부모를 잔소리꾼이 아닌 인생의 조언자로 생각하게 된다.

아이들은 부모가 생각하는 것만큼 어리지 않다. 부모가 자신을 얼마나 사랑하는지 떠보기 위해 일부러 말썽을 부리기도 하고 부모를 시험하기도 한다. 그럴 때는 버릇없다며 야단치지 말고 아이의 마음을 잘 들여다보고 다독여줘야 한다. 부모의 사랑을 믿지 못해 불안해하는 것이므로 사랑한다는 표현을 자주 해서 부모를 신뢰하게 해야 한다. 부모의 사랑과 믿음이 일관되게, 지속적으로 주어질 때 아이의 말과 행동도 바르게 변할 수 있다.

경험이 아이를
부자로 만든다

아이들은 배낭을 메고 낯선 곳에서 밤을 보내며 보다 담대해진다. 자신의 안전은 스스로 지켜야 한다는 것을 체득하고, 인생은 저 혼자 개척해 나가야 한다는 것도 깨닫는다. 세상이 얼마나 넓은지, 사람들이 얼마나 각양각색으로 사는지, 직접 눈으로 보고 겪으면서 마음의 경계를 허물고 그들과 어떻게 어울려 살아갈지를 생각하며 보다 큰 비전을 갖게 된다.

개구리 세 마리가 우유 통에 빠졌다. 첫번째 개구리는 자신의 운명을 개탄하고 헤엄쳐볼 시도도 하지 않은 채 자포자기해 빠져 죽었다. 두번째 개구리는 하느님이 구해줄 것을 굳게 믿고 기적이 일어나기를 빌고 또 빌었다. 그러나 기다리던 기적은 끝내 일어나지 않았고 그 개구리는 기다리다 지쳐 죽었다. 세번째 개구리는 어떻게든 우유 통에서 빠져나오려고 버둥대며 뒷발로 우유를 휘젓고 또 휘저었다. 마침내 우유가 딱딱하게 굳자 개구리는 그것을 딛고 빠져나올 수 있었다.

인생은 장애물 경기다. 하나의 장애물을 뛰어넘고 이제 됐다 싶어 안도의 숨을 내쉬는 순간 또 다른 장애물이 우리 앞을 가로막는다. 그 장애물을 다시 뛰어넘을 것인가, 아니면 포기한 채 그 자리에 주저앉고 말 것인가는 각자의 의지에 달려 있다. 어떤 사람은 불굴의 의지로 끝까지 시련에 맞서 싸워 그 장애물을 넘을 것이고, 어떤 사람은 몇 번 노력하다 여기까지가 내 한계라고 생각하며 주저앉아버릴 것이며, 또 어떤 사람은 처음부터 불가능하다며 시도조차 않고 포기해버릴 것이다.

인생에서 성공한 사람들은 대부분 환경이나 조건을 탓하지 않고 1퍼센트의 가능성만 있어도 죽을 각오로 덤벼들어 불가능을 가능으로 만들어낸 사람들이다. 그들은 시련이 자신을 단련시켜줄 것이라 믿으며 기꺼운 마음으로 도전을 계속한다. 그들에게 자산은 긍정적인 마인드와 불굴의 의지다. 할 수 있다는 자신감이다. 그들은 진정으로 포기하고 싶을 때 더욱더 추진력을 발휘해 그 자리에서 새롭게 시작한다. 내일은 오늘보다 나을 것이라는 믿음으로 작은 것 하나라도 행동으로 옮긴다. 그것이 그들만의 성공 법칙이다.

자녀가 행복하길 바란다면 무엇보다 아이를 강하게 키워야 한다. 긍정적이고 자신감 넘치는 아이로 만들어야 한다. 그래야 태풍이 몰아쳐도, 모래바람이 불어와도 혼자 힘으로 의연하게 앞으로 나아갈 수 있다. 그러기 위해서는 어려서부터 크고 작은 일을 겪게 해서 내면의 힘을 길러줘야 한다. "넌 할 수 있어"라는 말로 무엇이든 경험해보게 해야 한다. 경험만이 아이를 단단하게 성장시킨다. 국어, 영어, 수학 공부도 중요하지만 가장 중요한 것은 시련에 굴복하지 않는 정신력을 기르는 것이다.

남편은 아이들에게 용돈을 넉넉하게 주지 않는다. 부족하면 벌어서 쓰라

고 한다. 아이들도 그런 아빠를 원망하거나 불평하지 않고 벌어서 쓰든 절약을 하든 스스로 해결한다. 아이들이 원하는 것을 바로바로 사준 적도 없다. 결핍을 경험해봐야 스스로 일하고자 하는 의욕이 생기고, 돈 귀한 줄 알아야 어떤 일이든 감사히 여기고 열심히 한다는 이유에서다. 남편의 생각에 동조하긴 하지만 가끔은 아이들이 안쓰러워 슬쩍 용돈을 쥐어주고 싶은 마음이 굴뚝같을 때가 있다. 하지만 한두 번 그러다보면 원칙이 깨질까 싶어 약해지는 마음을 다잡으며 돌아선다.

둘째 아들이 초등학교 5학년 때였다. 아이는 닌텐도라는 게임기를 사달라며 아빠를 계속 졸랐다. 남편은 몇 번 안 된다고 거절하다가 아이에게 날마다 운동장을 열 바퀴씩 한 달 동안 돌면 사주겠다고 약속했다. 내심 아이가 그 약속을 지키지 못할 것이라 생각하고 내건 약속이었다. 그런데 아이는 밤마다 나가서 학교 운동장을 열 바퀴씩 돌았고, 결국 한 달을 다 채워 닌텐도를 손에 넣었다. 평소 욕심도 없고 만사태평해서 세상을 어찌 살까 걱정이던 아이가 그렇게 지독하게 해내는 것을 보며, 성격만으로 사람을 섣불리 판단할 일도 아니고 보이는 것이 전부도 아니라는 것을 깨달았다. 상황에 따라 무한한 잠재력이 발휘된다는 것도 알았고, 아이가 아무것도 못할 것이라 미리부터 단정 짓고 뭐든 할 수 있는 기회를 차단해버리는 것이 얼마나 위험한 일인지도 알았다.

아이들은 부모가 생각하는 것 이상으로 강한 존재다. 스스로의 날갯짓으로 얼마든지 바다 위를 날고 사막을 건널 수 있다. 기회만 주어진다면 뭐든 할 수 있는 능력자들이다. 그런 아이들의 날개를 꺾어 새장에 가둬두는 오류를 범해서는 안 된다. 아이가 행복하게 자기 인생을 살아가길 바라는 부모라면…. 둘째 아들이 중학생 때 행복이 무엇이냐고 내게 물은 적이 있다. 그리고 엄마는 행복하냐고 물었다. 그 질문에, 행복이란 일상에서 소소한 기쁨을 느끼며 사는 것이라고 답했던 것이 기억난다. 너희가 건강하게 자라는 것도 행복하고, 햇살 비치는 숲속을 거니는 것도 행복하고, 작은 것이지만 이웃과 서로 나누며 사는 것도 행복하고, 손때 묻은 오래된 책을 들여다보는 것도 행복하다고. 지금도 그런 생각엔 변함이 없다. 돈과 물질을 풍요롭게 쌓아놓는 것만이 행복이 아니라 자족하며 사는 것, 그리고 내가 하고 싶은 일을 하며 사는 것이 행복이라고 믿고 있다.

　하버드 대학을 졸업하고 어마어마한 연봉이 보장된 로펌에 취직되었는데도 결국 불교로 귀의해 20여 년간 수행을 하고 있는 스님이 있다. 그 스님은 남에게 보이는 화려한 어떤 것보다도 지금 오두막에서 자신의 마음을 수양하며 사는 것이 가장 행복하다고 한다. 소박한 찬으로 밥을 먹고, 소박한 마음으로 책을 읽고, 소박한 마음으로 마당에 핀 꽃들을 바라보고, 소박한 이웃들과 정을 나누며 사는 것이 극락이라고 말한다.

　그렇게 생각을 전환하면 많은 것이 달라진다. 끝없이 성공만을 향해, 물질만을 향해 달리는 삶이 얼마나 강퍅하며 외로운 것인지, 오지도 않을 미래를 담보로 현재를 희생하는 것이 얼마나 불행한 일인지 인식하게 된다. 성공하기 위해선, 행복하기 위해선 아무 생각도 말고 공부만 하라며 아이를 억압했던 것이 얼마나 후회스러운 일인지 깨닫게 된다. 공부 외에는 아무것

WELCOME

도 경험해보지 못한 사람들이 얼마나 자기중심적이고 메마른 영혼을 소유하고 있는지, 그래서 남의 슬픔과 아픔에 전혀 공감하지 못하고 상처 주는 말들을 얼마나 서슴지 않고 뱉어내는지 비로소 눈에 들어온다.

아이가 행복한 삶을 살길 바란다면 부모가 먼저 그렇게 살아야 한다. 타인을 배려하며 작은 것이라도 나누는 삶을 살아야 한다. 남이 도움을 필요로 할 때 가진 것이 없어 도와줄 수 없다고 외면할 것이 아니라 도움의 ARS 전화 한 통이라도 걸어주고, 노점상 할머니에게 다정하게 말 한마디라도 건네고, 혼자 사는 이웃에게 관심을 기울이는 그런 삶을 살아야 한다.

부모만 그럴 것이 아니라 아이와 함께 실천해야 한다. 아이가 어려서부터 이웃과 나눌 작은 선물들을 함께 골라 포장하고, 엽서에 그림을 그려 감사 인사를 써 넣은 다음 아이에게 그것을 전해주게 하면 아이는 나누는 기쁨을 느끼게 된다. 이웃에게서 고맙다는 인사를 받고 착하다는 칭찬을 들으며 스스로가 귀한 사람, 필요한 사람이라는 인식을 갖게 된다.

좋은 부모가 되고 싶다면, 평생 좋은 부모로 남고 싶다면, 이제라도 아이에게 이렇게 말해주자. "아이야, 행복이란 좋은 사람들이 네 곁에 많이 있는 것이란다. 네가 슬플 때 같이 울어주고, 네가 기쁠 때 같이 웃어주는 사람들이 네 곁에 많은 것이 진정한 행복이란다. 그러려면 네가 먼저 좋은 사람이 되렴. 네가 먼저 나눠 주는 사람이 되렴. 그리고 너 자신을 믿고 세상으로 나아가라. 소리에 놀라지 않는 사자같이, 그물에 걸리지 않는 바람같이, 물에 더럽혀지지 않는 연꽃같이, 무소의 뿔처럼 혼자서 가라. 당당하게, 거침없이."

시대에 따라 부모의
사랑법도 달라져야 한다

미래는 다양성의 시대다. 성적대로 줄 서는 시대가 아니라 개인의 능력대로 자유롭게 살아가는 시대다. 변화의 속도는 엄청나고 그에 맞춰 새로운 정보가 쏟아져 나온다. 정보의 홍수 속에서 얼마나 빨리 필요한 정보를 선별해 활용할 수 있느냐가 관건인 세상이다. 세상은 점점 이성과 두뇌 중심의 경쟁 사회가 아니라 감성과 마음 중심의 소통을 요구하는 사회로 변화하고 있다.

큰아들이 과학고 2학년일 때의 일이다. 어느 날, 모르는 엄마한테서 전화가 걸려왔다. 그 엄마는 큰아들 학교의 후배 엄마라고 자신을 소개하며, 궁금한 것이 많은 듯 이것저것 물어봤다. 나는 아는 한도 내에서 성의껏 답해주었다. 이런저런 얘기 끝에 그 엄마는 우리 아이가 무슨 학원에 다니며 어떻게 공부하기에 성적이 그렇게 잘 나오냐고 물었다. 나는 아들이 사교육 없이 혼자 공부해서 성적이 아주 좋은 편은 아니라고 말해주었다.

그 엄마는 혼자 공부하면서도 상위권 성적을 유지하는 것에 많은 부러움을 내비쳤다. 그러면서 공부 잘하는 비결이 무엇이냐고 물었다. 딱히 할 말이 없어 아이가 책을 많이 읽는다고 했더니 "책 읽은 것은 어떻게 보여주지요?" 하고 묻는 것이었다. 나는 그 말에 말문이 막혀버렸다. 책 읽은 것을 보여주다니?

그 엄마는 대학 입시에서 아이가 책 읽은 것을 어떻게 보여줄지를 물은 것이었겠지만 솔직히 당황스러웠다. 엄마들은 모든 것을 입시와 연관 짓는 구나, 독서든 봉사활동이든 모든 것을 남한테 보여주기 위해 하는 것이라 생각하는구나 싶었다. 엄마들이 그렇게 생각하는 데는 대학의 책임이 클 것이다. 그동안 대학들은 입시에서 학생의 인성보다는 화려한 스펙에 더 점수를 주었다. 알찬 학교생활보다는 외양만 그럴듯한 경시대회의 입상 경력이나 공인 영어 성적 등에 더 비중을 두니 엄마들이 그렇게 보여주기용 스펙에만 연연하게 된 것이다.

나는 아이들에게 입시용 스펙을 위해서가 아니라 평생 좋은 친구처럼 책을 가까이 두고 읽게 했다. 아이들이 시험 기간에 교과서가 아니라 다른 책을 읽고 있어도 나무란 적이 없다. 단편적인 교과 공부보다 책이 더 많은 가르침을 준다는 것, 그리고 아이들이 마음만 먹으면 얼마든지 공부에 몰입할 수 있다는 것을 알고 있었기 때문이다.

엄마들은 입시에 필요한 독서 목록을 만들기 위해 축약본을 사다 읽히기도 하는데 좋은 방법이 아니다. 책이란 대충 줄거리만 읽고 마는 것이 아니라 그 안에 담긴 정신을 읽어내는 것이기 때문이다. 독서는 절대적인 시간을 들여야 하는 일이다. 한 문장 한 문장 곱씹어 읽고 저자의 생각과 논리를 자기 것으로 소화해낼 시간이 필요하다. 많은 책에서 얻은 지식과 사상으로 무장한 아이들은 세상에 나가서도 꿋꿋하게 버텨낼 수 있고 어떤 상황이 닥쳐도 지혜롭게 헤쳐나갈 수 있다. 아이를 위하는 부모라면 다니는 학원을 몇 개 줄이더라도 책을 많이 읽도록 시간을 주고 그에 걸맞은 환경을 만들어줘야 한다.

부모들이 성적에만 너무 연연하다 보니 아이들 역시 성적에만 목숨을 거는 경향이 있다. 성적 외에도 아이들한테 중요한 것이 많음에도 부모는 다른 것은 다 포기하라고 강요한다. 얼마나 성적이 중요했으면 공부에 방해된다고 체육 시간까지 없애라고 성화를 부렸겠는가. 성적과 등급으로만 평가되는 아이들은 자유롭게 생각할 줄도, 자유롭게 표현할 줄도 모른다. 이와 관련된 우스갯소리가 있다.

세계 여러 나라의 청소년들이 번지점프대에 모였다. 교관이 프랑스 아이에게 소리쳤다.

"우아하게 뛰어내려라!"

그러자 프랑스 아이는 가장 우아하고 아름다운 모습으로 뛰어내렸다. 다음 차례는 영국 아이였다.

"신사답게 뛰어내려라!"

영국 아이는 신사답게 멋진 모습으로 뛰어내렸다.

다음 순서는 일본 아이였다. 교관은 아이에게 "사무라이답게 뛰어내려라!"라고 소리쳤다. 그러자 일본 아이는 용감하게 두 팔과 두 다리를 활짝 펼치며 뛰어내렸다.

마지막으로 한국 아이 순서였다. 교관이 아무리 뛰어내리라고 외쳐도 아이는 벌벌 떨고 있을 뿐이었다. 잠시 생각에 잠겨 있던 교관이 빙긋 웃으며 외쳤다.

"내신 성적에 들어간다! 그리고 저 밑에서 입학사정관이 보고 있다! 어서 뛰어내려라!"

그 말이 끝나자마자 아이는 다른 나라 아이들과는 비교도 안 되게 가장 화려하고 멋진 모습으로 뛰어내렸다. 우스개로 전해지는 얘기지만 한편 씁쓸하기도 하다. 언제쯤 우리 아이들은 성적으로부터 자유로울 수 있을까.

요즘 아이들은 'N세대'(Net Generation, 네트워크 세대)라 불린다. 어릴 때부터 휴대전화, 디지털카메라, 노트북 등 디지털 매체를 늘 접하며 자란 세대를 일컫는 말이다. N세대의 특징은 디지털을 이용해 전 세계와 소통하고 협력하는 일에 익숙하며 재미와 스피드를 추구한다는 점이다. 또한 N세대는 대학을 졸업하고 직장을 갖는 순차적인 삶을 거부하고 일하고 싶을 때 일하고 놀고 싶을 땐 언제든 미련 없이 사표를 던져버린다.

얼마 전 텔레비전에서 일본의 어느 젊은이를 본 적이 있다. 그는 일본의 명문 대학인 도쿄 대학을 나와 최고의 직장을 구했음에도 사표를 던진 후 공원에 텐트를 치고 유유자적 살고 있었다. 그는 노트북과 스마트폰을 통해 전 세계 사람들과 소통하며 여기저기 여행을 다닌다. 돈은 필요할 때 필요한 만큼만 아르바이트를 해서 번다. 그는 그렇게 사는 것이 행복하다고 했다. 그가 사는 방식이 바로 우리 아이들인 N세대가 추구하는 '디지털 노마드'(신유목민)식 삶인 것이다.

아이들이 살아갈 미래가 이미 우리 눈앞에 다가와 있다. 부모인 우리들만 그것을 제대로 인식하지 못하고 있는 것 같다. 아니, 인식은 어느 정도 하고 있다 해도 교육에서만큼은 여전히 과거의 패러다임 속에 매몰되어 있다. 부모들은 여전히 학벌만이 이 세상을 살아갈 무기라며 아이들을 공부라는 굴레 속에 가둔다.

하지만 아이들은 예전의 아이들이 아니다. 기성세대의 가치관으로는 이해하기 어려운 완전히 새로운 세대다. 부모 욕심껏 억지로 좋은 대학에 보내놓았다 해도 아이 스스로 만족하지 않는 한 언제든 미련 없이 제도권을 박차고 나와 자신만의 행복을 찾아 떠날 것이다.

부모의 사랑법도 시대에 따라 달라져야 한다. 공부에 흥미가 없는 아이를 억지로 책상 앞에만 붙들어놓을 것이 아니라 아이의 개성과 재능을 찾아 계발해주어야 한다. 공부에 흥미가 있는 아이라도 교과서를 벗어나 다양한 것을 경험해보고 안목을 넓힐 수 있도록 부모가 먼저 유연한 사고를 가질 필요가 있다. 아이들은 어떤 환경에서도 능동적으로 대처해낼 능력이 있어야 한다. 아이 스스로 긍정적이고 적극적인 사고와 강인한 체력으로 무장해야 한다. 그래야만 급변하는 세상에서 살아남을 수 있다. 성적을 떠나 아이를 전적으로 믿고 지켜보는 것, 그것이 21세기 디지털 노마드 시대 부모들의 새로운 사랑법이다.

왜 공부하냐고,
아이가 내게 묻는다면

아이가 공부하길 바란다면
부모의 인생관부터 바꿔야 한다

나는 아직도 아이들이나 남편보다 내 일에 사로잡혀 산다. 누가 알아주든 말든 내가 좋아하는 일을 하며 살고 있다. 그래서 전업주부면서도 워킹맘처럼 아이들에게 신경을 쓰지 못했다. 아이들 학교와도, 엄마들과도 거의 담을 쌓고 지냈다. 그래도 불안하거나 걱정이 되지는 않았다. 아이들이 학교에 잘 다니고 있는데 엄마들이 나설 일이 뭔가 싶었다.

지금은 변호사가 되어 잘 살고 있지만 고등학교 때까지 공부는 뒷전이고 실컷 놀기만 했던 사람이 있다. 그는 노는 친구들과 어울려 술집과 당구장, 만화방을 들락거렸고 게임 지존을 꿈꾸며 피시방에서 살다시피 했다. 그의 부모는 아이가 전문대라도 가주면 다행이라고 생각했다. 그런 그가 고3 때 갑자기 공부에 맛을 들이더니 재수를 하겠다고 했고, 1년간 열심히 공부하더니 서울에 있는 어느 대학 법학과에 들어갔다. 그러고는 그 학교를 얼마간 다니더니 휴학을 하고 다시 공부를 해서 그가 원하던 명문대에 진학했다. 그리고 십여 년 후 그는 사법시험을 통과해 변호사가 되었다.

그의 부모는 장사를 하느라 그와 형을 돌볼 여력이 없었다. 아이들을 살뜰히 챙겨주진 못했지만 긍정적이고 성실해서 그들을 좋아하는 이웃들이 많았다. 바쁜 부모 대신 아이를 돌봐준 사람은 할머니였다. 할머니 또한 이웃과 콩 한쪽이라도 나누려는 성품으로 주위의 칭송이 자자한 분이셨다. 그분들은 그와 형에게 공부하라는 잔소리를 그리 하지 않았다. 세상을 살아가는 데는 학벌이 전부가 아니라는 것을 몸으로 체득하신 분들이기 때문이었다. 성실하고 낙천적인 부모 밑에서 자라 그런지 그 역시 공부와 담을 쌓고 지내긴 했지만 항상 밝고 긍정적이었다. 공부를 못한다는 자괴감도 없었고 열등감도 없었다. 그는 자신이 좋아하는 것을 하며 행복을 느꼈다. 게임과 만화책과 농구에 몰입하며 즐겁게 학창시절을 보냈다.

그런 그에게 공부를 하게 된 계기가 무엇인지 물어볼 기회가 있었다.

"실컷 놀다보니 노는 게 지겨워졌어요. 그럴 때쯤 삼촌이 저와 형을 데리고 서울대에 갔어요. 캠퍼스를 구경하는데 정말 멋지더라고요. 오가는 학생들도 멋있어 보였고요. 그곳에서 삼촌이 우리에게 어떻게 살고 싶으냐고 물었어요. 무엇을 하며 살 것인지도요. 저와 형은 그런 질문을 처음 받아봤어요. 그때까진 아무 목표도 없이 살고 있었으니까요. 생각을 해본 적이 없으니 당연히 대답을 못했지요. 근데 삼촌이 그러더라고요. 너는 말을 조리 있게 잘하니까 변호사가 되면 좋겠다고요. 그 말을 듣고 깜짝 놀랐어요. 성적이 바닥인 제가 어떻게 변호사가 되겠어요? 그런데도 삼촌은 지금이라도 맘만 먹으면 할 수 있다는 거예요. 저는 삼촌 말을 믿지 않았죠. 삼촌이 제 수준을 정확히 모르니 그런 말 한다고 웃어넘기고 말았어요."

하지만 삼촌의 그 말 한마디가 그를 변화시켰다. 어차피 노는 것도 시들해진 마당에 공부나 좀 해볼까 하는 생각이 들었다. 더구나 변호사라는 확실한 목표가 생기자 공부 열정이 솟아났다. 그는 교과서를 펼쳐들고 읽기 시작했다. 하지만 워낙 기초가 없어 모르는 것투성이었다. 그는 용기를 내어 친구들에게 물어보기 시작했다. 모두가 바쁘다며 그를 외면했다. 어떤 친구는 노골적으로 비웃으며 그냥 살던 대로 살라고 했다.

그는 이를 악물었다. 절대 물러서지 않겠다고 다짐도 했다. 그리고 기초부터 하나하나 공부를 해나가기 시작했다. 공부가 잘 안 되어 슬럼프에 빠질 때마다 삼촌이 찾아와 격려해주었다. 그는 삼촌의 충고대로 자신이 할 수 있는 만큼만 목표를 세웠고 게임을 하듯 그 목표에 몰입했다. 그 결과 성적이 계속 상승 곡선을 이뤘고, 변호사라는 꿈을 향해 십여 년간 꾸준히 공부를 계속할 수 있었다.

그의 성공담을 들으며 몇 가지 공부 법칙을 발견해냈다. 공부는 정해진 때가 있지 않다는 것. 스스로 하고자 하는 열정이 있어야 공부에 몰입할 수 있다는 것. 목표가 있고 없음에 따라 성취도가 달라진다는 것. 명확한 공부 동기가 있어야 한다는 것. 그리고 끝까지 믿고 기다려주는 가족이 있다는 것. 그가 공부를 하게 된 데는 여러 가지 요인이 있었겠지만 내가 가장 높이 사는 것은 그의 부모의 삶의 태도다. 그들이 성실하고 긍정적으로 자신들의 삶을 충실히 살아냈기에 아이도 부모를 본받아 자신을 바로 세울 수 있었다고 믿기 때문이다.

부모가 그를 기다려주지 않고 날마다 공부하라며 잔소리를 퍼부어댔다면 그는 더욱 공부와 담을 쌓았을 것이고 부모와의 사이도 멀어졌을 것이다. 또한 그의 부모가 오로지 공부나 학벌만을 성공이나 행복의 잣대로 삼았다면 부모의 욕심대로 지나치게 높은 목표를 세워놓고 자녀들에게 공부를 강요했을 테지만, 다행히 그의 부모는 공부보다는 가족 간의 화합, 우애,

FOLLOW
YOUR
PASSION

배려, 사랑을 더 중시했고 그 결과 두 자녀 모두 훌륭한 사회인으로 길러낼 수 있었다.

　번아웃(burnout)이라는 말이 있다. 그 말은 신체적으로나 정신적으로 모든 에너지가 소진되어버린 상태를 의미한다. 그런 증세가 요새는 초등생들한테까지도 나타난다고 한다. 너무 어려서부터 공부에 내몰린 아이들이 정작 본격적인 공부를 시작해야 할 사춘기 무렵에 이미 무기력증에 빠져 공부를 포기하고 마는 것이다. 초등학교 때까지는 별 문제 없이 공부를 잘하던 아이들도 중학생이 되면 '내가 왜 공부를 해야 하지?', '나는 왜 사는 걸까?' 등 여러 가지 실존적인 의문에 사로잡혀 방황하기도 한다. 그런 아이를 지켜보는 부모는 애가 탄다. 아이가 질문하는 것들에 제대로 대답해줄 수 없어서, 혹은 부쩍 거칠어진 아이와의 감정싸움이 버거워서 하루에 열두 번도 더 부모 자리를 내놓고 도망치고 싶어진다.

　만나는 사람들마다 아이들 공부 문제로 한숨을 쉬어댄다. 요즘 젊은이들이 도무지 무기력하고 비관적이고 끈기도 없고 열정도 없고 부모에게 의지만 하려 든다고 걱정들을 한다. 아이가 태어나기 전부터 아이 인생을 부모 마음대로 세팅해놓고 그 매뉴얼대로 길렀으면서 정작 잘못되면 아이들 탓만 한다. 아직 어린 아이들이 무기력증에 빠질 정도로 온 힘이 소진되어버렸다면 놀라고 슬퍼해야 할 일인데도, 여전히 아이를 이 학원 저 학원으로 실어 나르기에 바쁘다. 아이의 상처 입은 마음을 들여다보고 위로해주기보다는 어떻게 하면 족집게 강사를 섭외해 팀 수업을 진행할지에만 관심을 두고 있다.

　큰아들은 과학고, 둘째 아들은 영재학교를 나왔기에 특목고에 대해 어느 정도 정보도 있고 할 말도 많다. 하지만 섣불리 말을 꺼내기가 쉽지 않은 것은 나 스스로 특목고를 부정적으로 보고 있기 때문이다. 보통 특목고에 다니면 아이들이 천재이거나 영재일 거라 생각하지만 그런 아이들은 소수에 불과하고 대부분의 아이들은 학원을 통해 길러졌다고 보면 된다. 특목고에서조차 아이들은 학원에 의지한 채 공부를 한다. 학원마다 특목고생을 위한 시간표가 따로 있고 시험 기간에는 학원버스가 학교 문 앞까지 데리러 온다. 영재학교는 그나마 3년 과정이라 아이들이 조금은 숨을 쉴 수 있지만 과학고는 2년 조기 졸업이라 정신없이 공부 경쟁만 하다 학창시절을 끝낼 수밖에 없다. 그것이 내내 마음에 걸렸다. 그래서 중학교 1학년인 둘째가 갑자기 형처럼 과학고에 가겠다며 학원에 보내달라고 했을 때 우리는 반대를 했다. 그렇게 치열한 세계에서 아이가 힘들어 하는 것을 보고 싶지 않아서였다.

　더구나 둘째는 워낙 순하고 욕심이 없었기에 우리는 당연히 일반고에 갈 것이라 생각했고, 어느 학교에 가든 친구들과 둥글둥글 잘 지내면 그만이라고 생각하고 있었다. 그런 아이가 처음으로 강하게 자기주장을 펼치기에 우리는 결국 과학고 대신 영재학교로 타협을 봤고 그때부터 아이는 수학 과학 전문학원에 다니며 공부에 몰입하기 시작했다. 자기가 선택한 길이기에 한 번도 불평하지 않았고 영재학교에 가서도 사교육 없이 내내 상위권 성적을 유지하며 행복한 학창시절을 보냈다.

나는 어려서부터 꿈이 작가였기에 늘 그 생각에 사로잡혀 지냈다. 둘째가 두 살 되던 무렵부터는 드라마를 쓰겠다고 집에서 몇 시간 거리인 여의도까지 오가며 2년가량 공부를 했다. 솔직히 아이들을 키우며 글을 쓰기란 여간 고통스러운 일이 아니다. 하루 종일 아이들과 놀아주다 겨우 책상에 앉아 글을 쓰려면 녹초가 되곤 했다. 하지만 꿈이 있었기에 행복했다.

내가 쓴 글이 교육원에서 신인상을 받고 두 방송사의 러브콜을 받아 드라마 제작을 위한 수정 작업에 들어갔을 때 남편이 아르헨티나로 발령을 받았다. 지금이라면 메일을 주고받으며 작업할 수도 있었을 텐데 모든 것이 서툴기만 했던 나는 아무 대책도 없이 함께 일하던 감독에게 인사만 남기고 훌훌 한국을 떠나고 말았다. 그 후 내 작품이 방송에 나갔는지 어땠는지는 확인한 바가 없어 알 수 없지만 4년가량 외국에 머물면서 드라마와는 연이 멀어지고 말았다.

나는 아직도 아이들이나 남편보다 내 일에 사로잡혀 산다. 누가 알아주든 말든 내가 좋아하는 일을 하며 살고 있다. 그래서 전업주부면서도 워킹맘처럼 아이들에게 신경을 쓰지 못했다. 아이들 학교와도, 엄마들과도 거의 담을 쌓고 지냈다. 그래도 불안하거나 걱정이 되지는 않았다. 아이들이 학교에 잘 다니고 있는데 엄마들이 나설 일이 뭔가 싶었다. 내가 아이들을 위해 가장 열정적으로 한 일은 아이들이 읽을 만한 책을 여러 도서관을 돌며 빌려다 아이들 눈에 띄는 곳에 놓아주고 따뜻한 밥상을 차려주는 것이었다.

언젠가 큰아들이 이렇게 말했다. 엄마들이 자기들은 아무것도 안 하면서 아이들만 잡는다고. 그래서 아이들이 엇나가는 것이라고. 그러면서 또 이렇게 말했다.

"엄마는 그래도 늘 열심히 자기 일을 하면서 잔소리 했잖아요. 그러니까 그나마 우리가 참아준 거라고요. 저나 동생을 보더라도 공부를 잘하게 하려면 아이를 무조건 믿어주고, 대화를 많이 하고, 부모님이 먼저 책을 읽고, 흥미로운 것을 많이 접하게 해주고, 잔물결에 요동치지 않는 어른의 인내심을 보여주는 것이 중요한 것 같아요."

아들 말이 고맙기도 하고 미안하기도 했다. 되도록이면 잔소리를 하지 않으려고 부러 글쓰기에 몰입하기도 했지만 두 아들을 키우며 잔소리를 하지 않을 수는 없었다. 아이들이 알아서 다 잘해내고 있었지만 더 완벽하길 요구하는 무서운 욕심이 마음속에 늘 도사리고 있어 그것을 억누르기 위해 아이들과 어느 정도 거리를 두려고 노력했다.

나는 아이들 인생에 감 놔라 배 놔라 하며 개입하고 간섭하는 엄마가 되고 싶지 않았다. 아이들과 좋은 관계를 계속 유지하고 싶었다. 내가 방황하면서도 꿈을 놓지 못하고 살고 있듯이 아이들 또한 부모가 아무리 길을 막고 다른 곳으로 물길을 돌린다 해도, 결국 자신의 꿈을 향에 길을 떠날 것을 알고 있기에 억지로 아이들이 가고자 하는 길을 막을 생각이 없다.

아이들은 아이들 인생을 살 때 가장 행복할 것이다. 아이들이 행복하게 사는 것, 그것이 모든 부모가 꿈꾸는 일 아니겠는가. 부모들이 그렇게 바라는 성공도 결국 행복해지기 위한 것 아니겠는가.

세계적인 주식 투자의 귀재 워런 버핏은 성공을 이렇게 정의했다.

"성공이란 내 주변이 나를 사랑해주는 것입니다. 내 나이(82세)가 되면, 당

신이 사랑해주었으면 하는 사람이 당신을 사랑해주면 그게 성공한 인생입
니다. 당신은 세상의 모든 부를 다 얻을 수도 있고 당신 이름을 딴 빌딩들을
가질 수도 있겠죠. 그러나 사람들이 당신을 생각해주지 않으면 그건 성공이
아닙니다. 모든 사람들이 다 막대한 부를 얻을 수 있는 것은 아닙니다. 그래
도 자녀들이, 함께 일하는 사람들이, 주위 사람들이 당신을 사랑한다면 나
이가 든 후 오랫동안 당신은 성공한 것입니다."

돈을 많이 벌어야만 성공하고 행복할 것이라는 인식에서 벗어날 때 우리
는 비로소 행복해질 수 있다. 남들 다 가는 넓은 길로 가야만 안전하고 성공
할 확률이 높다는 생각도 버려야 한다. 수십 년간 그렇게 살아온 결과가 이
미 다 드러나지 않았는가. 부모가 조종하는 줄에 매달려 맞지도 않는 공부
라는 옷을 입고 힘들어 하고 아파하고 무기력증에 시달리다 스스로 목숨을
끊는 불쌍한 아이들을 많이 봐왔지 않은가.

부모가 행복하고 자녀가 행복하려면 각자의 삶을 성실히 살면 된다. 부
모는 부모의 삶을, 아이는 아이의 삶을 살면 되는 것이다. 그러면 부모 자식
간의 관계가 나빠질 것도 없고, 아이가 공부를 하지 않을 이유도 없다.

지금 당장 아이가 공부하지 않는다고 불안, 초조, 강박에 시달리지 말고
엄마는 엄마대로 일을 찾아 의연하게 해나갈 때 아이도 그런 엄마를 보며
언젠가는 제자리로 돌아온다. 스스로 알아서 공부할 때가 온다. 그때까지
이를 악물고 간섭과 잔소리를 참으면 된다. 백팔 배를 하던 골방에 틀어박
혀 묵상기도를 하던 뭔가에 몰입하면 되는 것이다. 그래야 엄마도 살고 아
이도 산다. 그래야 부모들이 그렇게 바라는 독립적인 자녀, 능동적인 자녀,
제 삶에 책임을 지는 자녀를 가질 수 있다.

공부의 선순환과 악순환

부모가 매번 아이의 시험 성적을 예민하게 살피고 불안해하면 아이의 불안감과 초조감은 두 배로 커진다. 공부할 의욕도 사라지고 시험에서 제대로 실력 발휘도 할 수 없게 된다. 성적표에 둔감해지라고 해서 아이를 방치하라는 게 아니다. 아이에게 사랑과 관심을 표하며 믿고 지켜보라는 것이다. 부모가 할 일은 아이 대신 모든 것을 해주는 게 아니라, 배우고 익히는 것을 즐거운 일로 받아들일 수 있도록 꿈과 비전을 심어주는 것이다.

공부를 잘하기 위해서는 여러 가지가 필요하다. 그중 제일 중요한 것은 부모와의 좋은 관계다. 부모와의 관계가 좋은 아이는 자존감이 높고 공부도 잘한다. 자존감이 높은 아이는 자신에 대한 자긍심이 높기 때문에 남이 떠먹여 주는 공부가 아니라 스스로 하는 공부에서 성취감을 느끼게 된다. 공부는 스스로 할 때 재미도 있고 의욕도 넘치기 마련이다. 이때 '공부를 잘하자'라는 막연한 목표보다는 명확하고 구체적인 목표가 있어야 공부에 몰입하기가 더 쉽다. 세분화된 목표를 하나씩 이룰 때마다 아이는 나도 할 수 있다는 유능감을 맛보게 되고 다음 단계로 올라가고 싶은 욕구를 느끼게 된다.

또한 공부를 하는 데는 마라톤 선수와도 같은 끈기도 필요하다. 끈기가 있어야만 결승선까지 달릴 수 있기 때문이다. 공부에 있어서 끈기란 습관을 말한다. 세 살 버릇 여든까지 간다는 말처럼 좋은 습관은 어려서부터 들여주어야 한다. 부모가 먼저 책상에 앉아 공부하는 모습을 보여주거나 아이와 함께 날마다 30분이라도 책상에 앉는 습관을 들이는 것이 중요하다. 책상에 앉는 습관을 들였다면 칭찬과 격려, 높은 단계로의 진입 등 보상이 뒤따라야 공부에 대한 흥미를 이어갈 수 있고, 이런 여러 가지 요인이 상승 작용을 일으켜야 좋은 결과도 덤으로 따라온다.

　A라는 아이와 B라는 아이가 있다. A는 누가 시키지 않아도 스스로 공부하는 아이다. 부모와의 관계가 좋고 성격도 원만하다. 명확한 꿈과 목표가 있고 그것을 이루기 위해 계획을 세분화해 단계별로 수립해놓았다. 학원에 다니지 않기 때문에 시간 여유가 있어 부족한 부분을 집중적으로 공부하기도 한다. 공부가 끝난 다음엔 적절히 휴식을 취한다. 좋아하는 책도 읽고, 영화도 보고, 잠도 잔다. 스트레스를 거의 받지 않기 때문에 공부 효율이 높고 성적도 예상보다 잘 나온다. 부모님도 수고했다며 등을 두드려주고 전적으로 아이를 믿어준다. 잠을 충분히 자기 때문에 수업에 집중할 수 있고 선생님과의 관계도 좋다. 또 친구들이 모르는 문제를 물어보면 친절하게 알려준다. A는 스스로 유능한 사람이라고 느끼며 자신감이 배가되고, 또 다른 성취감을 맛보고 싶은 열망에 보다 높은 단계에 도전한다.

　B는 초등 2학년 때부터 선행학습 학원에 다녔고 중학교에 들어와서는 종합학원에 다니고 있다. 진도를 중학교 과정까지 거의 끝냈기 때문에 따로

공부하지 않아도 성적은 어느 정도 나온다. 공부는 학원에서 충분히 했다고 생각하기에 수업 시간은 모자란 잠을 보충하는 시간으로 활용하고 있다. 주말에 모처럼 쉬고 있는데 엄마가 시험이 코앞인데 놀고 있냐며 잔소리를 하기 시작한다. 학원비를 얼마나 썼는데 성적이 왜 맨날 제자리냐며 추궁한다. 그 소리가 듣기 싫어 이번 시험에선 성적을 올려보겠다고 큰소리치고는 용돈을 받아 독서실로 향한다.

독서실에는 학원 친구들이 다 나와 있다. 어울려 수다를 떨다가 잠깐만 피시방에서 놀다 오자는 소리에 우르르 몰려 나간다. 잠깐이 몇 시간이 된다. 엄마가 전화를 한다. 깜짝 놀라 전화를 끊고 문자를 보낸다. 공부중인데 왜 전화해서 방해하느냐고. 휴대폰을 아예 꺼버린 후 한창 재미있는 게임에 다시 빠져든다. 게임을 끝내고 나서야 펼쳐보지도 않은 책을 싸들고 집으로 향한다. 머릿속에선 여전히 게임 캐릭터들이 신나게 싸우고 있다. 그렇게 하루가 또 지나간다.

A와 B, 두 학생의 차이점은 분명하다. 스스로 공부하느냐 사교육에 의존하느냐의 차이가 있고, 목표가 있고 없음에 따라 시간 관리의 차이가 있다. A는 선순환의 곡선을 이루지만 B는 악순환의 길을 걷고 있다.

두번째 사례를 들어보자. C라는 아이와 D라는 아이가 있다.

C는 부모의 사랑과 관심 속에 행복하게 잘 자라고 있다. 부모는 아이가 말하는 것을 잘 들어주고 아이의 생각을 존중해준다. 실수를 해도 나무라지 않고 다음엔 잘하라며 격려해준다. 적절한 훈육을 통해 혼자 할 수 있는 일은 스스로 하게 하고, 예의와 질서를 지키도록 가르친다. 또 아이가 원하는 것이 있으면 관심 있게 지켜보며 그것을 이룰 수 있는 방법을 제시하고 실

천할 수 있도록 격려한다. 자신을 항상 믿어주고 지지해주는 부모와 친척들이 있어 아이는 행복하고 자존감도 높다. 나는 늘 사랑받는 가치 있는 존재라고 생각한다. C는 나를 믿어주고 사랑해주는 사람들을 위해 매순간 최선을 다하고 스스로 찾은 꿈을 이루기 위해 열심히 공부한다.

한편 D의 부모는 돈이 행복의 첫번째 조건이라고 생각하는 사람들이다. 돈이 있어야 아이도 최고로 길러낼 수 있다고 믿는다. 그래서 더 큰 집과 더 비싼 차와 아이의 교육비를 위해 아침부터 밤까지 일한다. 아이는 돈을 주고 고용한 사람들이 돌본다. 가사도우미에게 아이의 먹을거리를, 과외 교사에게 아이의 교육을 맡긴다. 부모는 주말에도 출장을 가거나 미처 하지 못한 일을 하느라 지치고 피곤해서 아이와 놀아줄 여력이 없다. 놀아달라고 보채는 아이가 귀찮고 짜증이 난다. 부부는 서로 신경전을 벌이며 아이를 짐짝처럼 이리 보내고 저리 보낸다. 부모의 짜증난 얼굴을 보며 아이는 혼자만의 공간으로 들어가 소리 없이 시간을 보낸다.

아이는 사랑과 관심을 받아보지 못했기에 생기가 없다. 늘 무시당하고 외면당했기에 자존감이 바닥이다. 자신은 필요 없는 존재, 남을 힘들게만 하는 존재라는 생각에 우울하다. 언젠가는 버림받을 수도 있다는 생각에 불안하고 두렵다. 매사에 흥미도 없고 의욕도 없다. 자꾸 움츠러들고 어른들 눈치만 보게 된다. 거짓말과 거짓 행동으로 어른들 비위만 맞추려 한다. 부모한테 잘 보이려고 억지로 공부하는 척하지만 늘 불안한 상태여서 공부에 집중하지 못한다. 사는 게 재미없고 왜 살아야 하는지 이유도 모른다. 빨리 시간이 흘러 힘센 어른이 되었으면 좋겠다고 생각한다. 어른이 되면 자신이 받은 대로 되돌려줄 생각이다. 자기를 무시하고 외면하는 부모처럼 자신도

BACK
To
SCHOOL

똑같이 부모한테 해주겠다고 결심한다.

위의 사례만 보더라도 부모와의 관계가 아이의 자존감 형성에 얼마나 큰 영향을 미치는지를 알 수 있다. 부모와의 상호작용을 통해 아이는 자존감이 높아지고 다른 사람의 마음에 공감하는 능력을 갖게 된다. 타인을 이해하고 공감해주는 능력이 있어야 원만한 사회생활을 할 수 있다. 학교도 하나의 조직 사회다. 그 조직 안에서 선생님, 친구들과 좋은 관계를 맺고 서로 도움을 주고받을 때 공부에 열의도 생기고 성적도 잘 나온다. 그것이 공부의 선순환이다.

반면 성적이 낮은 아이들은 공부를 해야겠다는 생각은 있지만 흥미도 낮고, 어디서부터 손을 대야 할지 몰라 헤매게 된다. 공부가 제대로 되지 않으니 성적이 오르지 않고, 성취의 경험이 없으니 쉽게 포기하고 좌절해버린다. 공부의 악순환이 이어지는 것이다.

그렇다면 공부의 선순환을 지속하기 위해선 어떻게 해야 할까. 위의 사례에서도 봤듯이 공부는 스스로 해야 의욕이 생기고 꾸준히 할 수 있다. 공부는 살아가는 내내 해야 하는 것이긴 하지만, 학창 시절의 공부는 중학교 때부터 본격적으로 시작된다고 볼 수 있다. 초등학교 때는 다양한 경험을 통해 공부에 대한 배경지식과 지적 호기심을 기르고, 독서 습관이 공부 습관으로 이어지게 하는 것만으로도 충분하다.

중학교 때는 독립적인 자아 정체성이 확립되는 시기로 인정받으려는 욕구, 돋보이고 싶은 욕구가 어느 때보다도 강하다. 그래서 공부뿐 아니라 게임이나 운동, 외모 등에도 관심이 많아지고 남과 경쟁하려는 심리가 강해진다. 그런 심리를 이용해 강한 학습 동기를 부여하고 환경을 마련해주면 아이는 공부에 몰입하게 되고 놀라운 성취를 이뤄낸다. 학습 동기는 명확한 목표가 주어졌을 때 생겨나는 것이어서, 사춘기의 열정이 오롯이 공부에 할애될 수 있도록 부모는 아이와 머리를 맞대고 진로를 탐색하는 동시에 그에 맞는 단계별 목표를 세워야 한다. 목표가 있고 없음에 따라 성적에서도 큰 차이가 벌어지기 때문이다. 성적이 잘 나오는 아이는 선생님과 친구들의 주목을 받게 되고 더 잘하려는 의욕이 넘쳐 공부에 몰입하게 된다. 그렇게 중학교 때 실력을 쌓아놓으면 고교 때는 수월하게 대학 입시 준비에 매진할 수 있다. 이것이 공부의 선순환이다.

뇌과학자들에 따르면 인지적인 학습은 그것을 주관하는 전전두엽이 성숙해지는 사춘기 이후에 시작하는 것이 좋다고 한다. 뇌의 맨 앞부분에 있는 전전두엽은 가장 늦게 성숙하고, 사춘기를 지나 20대 중반까지 서서히 발달하는 부분이다. 그래서 고등 수학이나 과학, 논리적인 독서 훈련 등 추리력과 사고력을 요하는 전문 학습은 사춘기가 지나면서부터 가능하다고 한다. 적어도 중학생 이상은 되어야 효과적으로 소화해낼 수 있다는 말이다. 그런데도 조급한 부모들은 아이가 초등 3, 4학년만 되면 선행학습 학원에 보내 중학교 과정까지 다 끝내버려야 직성이 풀린다. 특히 수학은 더 어려서부터 학원에 보내는데도 많은 아이들이 수학을 어려워하고 포기해버리니, 참 아이러니한 일이다. 너무 일찍부터 이해도 안 되는 상위 단계의 수학을 암기로만 해결하려다보니 암기해야 하는 공부 양만 늘어나고, 개념을 제대로 이해하지 못해 문제를 조금만 바꿔놓아도 풀 수가 없으니 지레 어렵다고 포기하고 마는 것이다.

　전문가들은 초등 때까지는 선행학습이 필요 없다고 입을 모아 말한다. 오히려 학습에 대한 흥미를 떨어뜨리고 무기력증만 키워줄 뿐이라고 경고한다. 초등 저학년까지는 지능이 폭발적으로 발달하는 시기이므로 모든 분야에 대한 관심을 고루 자극해주는 것이 더 중요하다. 보는 것, 느끼는 것, 운동하는 것 모두가 공부이고 두뇌 발달에 영향을 미친다. 그래서 몸을 움직여 즐기는 놀이 형태의 스포츠나 스카우트 등 단체 활동을 통해 다른 사람들과 어울리는 법을 가르치는 것이 좋다. 시간을 준수하고, 규칙과 질서를 지키며, 서로 협력하고 배려하는 등의 사회성과 인성도 이 시기에 길러주는 것이 효과적이라고 한다.

　초등학교 때의 공부는 교과서를 꼼꼼히 읽어 개념을 이해한 후 학교 수업에 집중하고 그날 배운 것은 그날 복습하는 습관을 들여주는 것에 집중해야 한다. 수학이나 과학도 동화 형태의 책들을 활용해 원리를 이해하면 어려운 문제도 쉽게 풀 수 있다. 저학년 때는 수학 학습지를 통해 연산 능력을 길러주고 공부 습관을 잡아주는 것도 좋은 방법이다. 영어의 경우에는 노출 시간과 실력이 비례하기 때문에 쉬운 영어 동화책을 자주 읽어주거나 원어로 된 비디오나 오디오를 들려주고, 일상에서 부모가 간단한 생활 영어를 사용하면 아이들도 영어에 익숙해진다. 유명 학원만 고집할 것이 아니라 인터넷 강의나 학습지, 방과후학교 등을 활용해 꾸준히 영어에 노출시켜주는 것이 중요하다.

궁금하고 알고 싶은 게 많아서 눈이 반짝거려야 공부에도 재미를 붙일 수 있다. 이러한 호기심은 아이들이라면 누구나 갖고 있다. 그럼에도 과도한 선행학습으로 인해 호기심이 미처 다 피지도 못하고 시들어버리니, 얼마나 안타까운 일인가.

아이는 아이답게 자라나야 한다. 모든 것에 호기심을 느끼고 만족감을 느끼고 행복을 누릴 수 있어야 한다. 그게 바로 부모가 해줘야 할 일이다. 아이가 쏟아내는 질문을 잘 받아주고 어느 정도 자라면 너 혼자 해보라며 사소한 것이라도 경험해볼 수 있는 기회를 많이 제공해줘야 한다. 혼자서 심부름도 다녀오고, 손님이 오면 음료수도 내오고, 엄마를 도와 청소기도 돌려보고, 빨래도 널어보는 등 여러 가지 일을 해보면서 아이는 스스로 유능한 사람이라고 생각하게 되고 다른 일에도 도전할 의욕을 느낄 것이다.

아이가 글을 읽을 나이가 되면 혼자서도 호기심을 충족할 수 있도록 백과사전이나 관련 자료를 찾는 법을 알려주는 것이 좋다. 아이 힘으로 애써 찾아낸 정보를 가족에게 설명할 기회를 주고 잘했다고 칭찬해주면 아이의 자신감은 쑥쑥 자라고 더 잘하고 싶은 마음에 책과 더 친해질 수 있다. 아이가 인생의 선순환을 그리며 행복하게 살아갈 수 있도록, 단편적인 지식보다는 삶의 지혜를 많이 물려주자. 그것이 부모가 자녀에게 물려줄 수 있는 최고의 재산이다.

공부에 몰입하는 데
꼭 필요한 한 가지

사춘기 아이들이 이리저리 방황하고 탈선하는 이유 중 하나는 명확한 꿈과 비전이 없기 때문이다. 초등학교 때까지는 꿈이 많던 아이들도 중학교에 가면 공부 압박에 짓눌려 꿈이고 뭐고 생각할 겨를이 없어진다. 학벌에 따라 인생 등급이 달라지는 사회구조, 성적만으로 줄 세우는 학교, 공부 외에는 살길이 없다고 믿는 부모 밑에서 아이들은 꽃 한 번 제대로 피워보지 못하고 시들어가고 있다.

한동안 바느질을 배우러 다닐 때였다. 아이 셋을 둔 젊은 엄마가 내 옆자리에 앉았다. 우리는 이런저런 얘기를 나누게 됐고 그 엄마의 속내도 들을 수 있었다. 아이 엄마는 이웃집 아줌마의 권유로 나오게 됐다고 했다. 이웃집 아줌마도 취미로 계속 바느질을 해왔는데 아이들한테도 좋은 효과가 있다는 거였다. 아이들이 학교에서 돌아오면 아줌마는 아이들 옆에 앉아 바느질을 했는데 중학생이던 큰딸이 엄마가 하는 일에 호기심을 보이곤 했단다. 공부하라고 말려도 아이는 엄마를 따라 뭔가를 만들어보고 싶어했다. 어느 날 딸아이가 헌 옷으로 강아지 옷을 그럴듯하게 만들어내자 그 아줌마는 딸아이의 재능을 인정해주었고 아이와 함께 그 분야의 정보를 찾아보기 시작했다. 그때껏 아무 꿈도 없이 남들 하니까 대충 공부하던 아이였는데, 패션

디자이너가 되겠다는 야무진 꿈을 꾸기 시작하면서 프랑스어 공부까지 스스로 하기 시작한 것이다.

아이들뿐만 아니라 어른인 우리도 목표가 있고 없음에 따라 시간을 대하는 태도가 달라진다. 아무 목표가 없는 삶은 '시간'의 경계 없이 대충 흘러가게 마련이다. 대충 직장에 다니고 대충 사람들과 수다 떨고 대충 밥해 먹고 텔레비전을 보고 잠을 잔다. 그런 일상이 무수히 반복된다. 그러다 어느 날 문득 거울에 비친 자신을 보고 소스라친다. 내가 아닌 낯선 사람이 거울 속에 있다. 초점 없이 풀린 눈동자, 고집스레 다물린 입술, 축 늘어진 팔과 몸뚱이…… 참을 수 없는 존재의 무거움이다.

스피노자가 말했던가. 비웃지도 말고, 슬퍼하지도 말고, 미워하지도 말고, 오직 이해하라고. 현자의 말대로 거울 속의 나를 이해하려고 애써본다. 그래, 대견하다. 그나마 낙오되지 않고 여기까지 온 게 대견해. 탈락할 위기도 몇 번 있었지만 어쨌든 버텨냈잖아. 살아 있잖아. 그럼 된 거지, 뭘 더 바라니. 그래도 슬프다. 아직도 가야 할 길이 먼데 이렇게 무감각하고 무감동하게 남아 있는 시간을 살아야 한다는 것이. 엿가락처럼 축 늘어진 시간. 이 시간은 누군가가 그렇게 살고 싶어했던 내일인데… 죄책감이 스멀스멀 올라온다. 이렇게 살아도 되나? 창밖을 보니 생생한 초록빛 자연과 맹렬히 달리고 있는 사람들이 보인다. 그들 앞에는 명확한 골인 지점이 정해져 있고 등에는 '무한 도전'이라는 열정 배터리가 달려 있다. 그들이 두렵다. 그리고 불안하다. 그들에게 속해 있지 않다는 것이.

하지만 불안해할 것도 없고 두려워할 필요도 없다. 꿈과 목표가 없더라도 현재를 충실히 살아낼 수만 있다면 그것으로 된 것이다. 하루하루를 충실히 산다는 것은 꿈이나 목표가 아니라 의지에 달린 문제다. 그리고 꿈이나 목표가 있다고 해서 인생이 그쪽 방향으로만 흘러가는 것도 아니다. 꿈이 있어 오히려 삶이 고단할 수도 있다. 꿈을 향해 직진하기 위해선 현재의 즐거움, 현재의 행복은 미래의 어느 순간으로 유예시켜놓아야 한다. 목표만을 위해 서두르다보면 과정은 종종 무시하는 오류를 범하기도 한다.

그럼에도 우리가 꿈이나 목표에 매달리는 것은 현재를 충실하게 살기 위해서다. 우리 의지는 너무도 박약해서 좀체 믿을 수가 없다. 의지만으로 뭔가를 이뤄내기란 여간 어려운 일이 아니다. 그래서 '작심삼일'이란 말도 있지 않은가. 의지가 약한 사람일수록 단단한 꿈과 목표가 있어야 한다. 나 역시 마찬가지다. 나태하기가 이루 말할 수 없어 억지로라도 뭐에 매이지 않으면 하루도 못 넘기고 계획이 흐지부지되고 만다. 이번 달엔 꼭 동화 한 편을 써야지 생각하다가도 일상에 묻혀 살다보면 기약 없이 시간만 흘려보내고 만다. 어른도 이러한데 아이들이야 오죽할까. 가뜩이나 호기심 많은 아이들 눈엔 도처에 널린 것이 유혹 거리일 텐데, 어떻게 책상 의자에 엉덩이를 딱 붙이고 앉아 공부에 매진할 수 있겠는가. 고행을 자처하는 수도승도 아닌데.

꿈이란 꼭 이루어져야만 존재 가치가 있는 것이 아니다. 꿈이란 매순간 흔들리고 포기해버리고 싶은 마음을 다잡아주는 동아줄, 등불 같은 존재다. 꿈이 있는 사람은 외롭지 않다. 불안하지도 않다. 꿈에 집중하는 사람은 남의 시선을 의식하지 않는다. 남이 무엇을 입고, 무엇을 가졌는가에 관심을 두지 않는다. 남이 만들어놓은 길이 아니라 가시덤불을 헤치며 자신만의 길을 만들어나간다.

사춘기 아이들이 이리저리 방황하고 탈선하는 이유 중 하나는 명확한 꿈과 비전이 없기 때문이다. 초등학교 때까지는 꿈이 많던 아이들도 중학교에 가면 공부 압박에 짓눌려 꿈이고 뭐고 생각할 겨를이 없어진다. 공부를 잘하든 못하든 간에 모든 아이들이 공부 때문에 엄청난 스트레스를 받고 있다. 학벌에 따라 인생 등급이 달라지는 사회구조, 성적만으로 줄을 세우는 학교, 공부 외에는 살길이 없다고 믿는 부모 밑에서 아이들은 꽃 한 번 제대로 피워보지 못하고 시들어가고 있다.

이런 교육 여건에서 다행스럽게도, 2013년부터 중학교에서 시범적으로 진로 선택을 위한 자유학기제를 시행하고 있다. 2013년에는 서울을 제외한 전국의 42개 학교가, 2014년에는 800개 학교가 자유학기제를 시행하며 2016년부터는 전국 중학교에서 자유학기제를 전면 실시할 방침이다. 자유학기제는 중학교 3년 과정 중 한 학기 동안 지필 시험의 부담 없이 진로 체험을 하는 교육 과정이다. 서울 지역에서는 자유학기제와 연계해 '진로 탐색 집중학년제'를 시행하고 있어, 중1 학생들은 1년 동안 중간고사, 기말고사 같은 지필 시험을 보지 않고 다양한 진로 체험을 할 수 있다.

진로 교육의 첫번째 단계는 본인의 적성을 파악하는 것이다. 적성을 파

악한 후에는 다양한 직업 체험을 하고, 각자 적성에 맞는 동아리 활동을 골라 현장 체험을 나가기도 한다. 내가 장차 하고 싶은 일은 무엇인지, 그 일의 역할 모델은 누구인지를 찾은 다음 그 인물에 대해 조사하고 발표하는 것인데, 수업 시간뿐 아니라 다양한 동아리 활동을 통해 아이들은 진로에 대해 고민하고 탐색하는 시간을 갖는다.

진로 탐색 집중학년제는 새롭게 시행되는 것인 만큼 여러 가지 문제점이 있고 학부모들의 반발도 거세다. 공부할 시간을 뺏긴다는 이유에서다. 그래도 도입 취지는 충분히 공감이 간다. 민감한 청소년기에 꿈과 진로에 대해 깊이 생각해보고 그것을 이루기 위해 목표를 정해 공부하는 것이 더 효율적이기 때문이다. 꿈과 목표가 있는 아이와 당장 성적을 올리기에만 급급한 아이의 최종 결과는 확연히 다를 수밖에 없다.

진로를 결정했다고 해서 아이들이 바로 공부에 몰입하는 것은 아니다. 공부를 잘하는 아이들은 스스로 공부법을 찾아 공부에 몰입하지만, 공부에 흥미가 없고 의욕도 없는 아이들은 그에 맞는 적절한 공부 계획이 필요하다. 처음부터 과도한 욕심을 부리다보면 얼마 못 가 쉽게 포기해버린다. 따라서 목표를 단계별로 세분화해서 아이가 성취감을 느끼게 해주는 것이 중요하다. 예를 들어 성적이 30등이었다면 다음 시험에선 5등만 더 올리자는 식의 성취 가능한 목표를 세워주는 것이다.

목표를 세웠더라도 공부에 열의가 없는 아이들은 책상에 가만히 붙어 앉아 있지 못한다. 그럴 경우엔 칭찬이나 격려, 미래 비전 등 여러 가지 동기 부여가 필요하다. 지속적인 관심을 가지고 적절한 피드백도 해줘야 한다. 하루 분량의 공부를 끝냈는지, 끝내지 못했다면 이유가 무엇인지, 어떻게 해야 꾸준히 할 수 있는지를 생각해보고 아이가 다음 단계로 나아갈 수 있게 해줘야 한다. 부모가 멘토가 되어 아이를 이끌어준다면 좋겠지만 시간을 낼 수 없거나 예민한 아이를 감당할 자신이 없다면 다른 멘토를 만들어주는 것도 좋은 방법이다. 친구도 좋고 선배도 좋고 친척도 좋고 선생님한테 부탁할 수도 있다. 누구든 아이와 정기적으로 만나 공부한 것을 체크해주고 보다 나은 공부법도 알려주고 이런저런 인생 상담도 해준다면, 아이는 안정감을 느끼고 공부에 집중할 수 있다.

멘토가 해줘야 할 또 한 가지 중요한 일은 아이에게 꿈 너머의 꿈을 꾸게 해주는 것이다. 꿈을 이루는 것이 최종 목표가 아니라 꿈을 이룬 후에 어떻게 살아갈 것인지, 그 방향에 대해서도 아이와 고민해보는 것이 중요하다.

공부만 잘해서 성공하는 시대는 지났다. 학벌이 좋다고 잘사는 것도 아니다. 미래에는 남과 다른 창의적인 아이디어로 얼마든지 성공할 수 있다. 그렇다고 해서 공부가 필요 없다는 말은 아니다. 어떤 분야에 도전하든 그에 맞는 공부를 해서 그 분야의 스페셜리스트가 되어야 한다. 도중에 진로가 바뀌었다 해도 열심히 공부한 것은 어떤 방식으로든 유용하게 쓰인다. 더불어 치열하게 공부했던 경험은 아이에게 스스로 뭔가 할 수 있다는 자신감을 심어주고, 다른 일에도 도전할 용기와 의욕을 선물한다.

아이가 원하고 재미있게 할 수 있는 일이라면 불안하더라도 아이를 믿고 격려해주자. 꿈이 있는 한 아이는 넘어져도 다시 일어설 수 있다. 꿈을 이루기 위한 준비 과정이 기회로 연결되기도 한다. 꿈이 없는 사람은 기회조차 없다. 아이들이 마음껏 꿈꾸고 그 꿈을 향해 뚜벅뚜벅 나아갈 수 있도록 힘차게 응원해주면 좋겠다.

남과 다를 수 있는
용기가 경쟁력이다

창의성이란 아이 스스로 이리저리 만져보고 들여다보고 깨뜨려보고 조합해보고 연구해보는 과정에서 자라난다. 사고력이나 창의성을 길러주려면, 아이에게 자유 시간을 많이 주고 많이 경험해보게 하는 것이 우선이다. 부모의 생각과 경험의 틀에 가두지 말고 자유롭게 풀어줄 때 아이는 부모보다 훨씬 더 넓은 세상에서 훨씬 더 큰 행복을 맛보며 살아갈 수 있다.

두 아이들과 산책을 나가려고 신발을 신는데 작은아들이 갑자기 "엄마, 양말!"이라고 소리쳤다. "양말이 뭐?" 하며 내 발을 내려다보니 한쪽은 흰 바탕에 파란 줄무늬, 다른 쪽은 회색 바탕에 노란 줄무늬가 있는 양말을 신고 있었다. 나는 아무렇지도 않게 "예쁘지 않니?"라고 말하며 아이들한테 발을 들어 보였다. 큰아들은 어깨만 으쓱하고 마는데 작은아들은 내 앞을 막아서며 "그렇게 나가실 건 아니죠?"라고 물었다. 나는 "왜? 이렇게 나가면 안 돼?"라며 눈을 동그랗게 떴다. 이미 큰아들은 밖으로 나갔는데도 둘째는 고집스레 내 앞을 막으며 갈아 신고 오라고 했다. 나 역시 한 고집 하는지라 "괜찮아, 누가 신발 속까지 들여다본다고 그래?" 하며 그대로 신발을 꿰신고 작은아들의 어깨를 끌어안고 밖으로 나갔다.

엘리베이터를 기다리며 불만스레 입을 내밀고 있는 둘째와 그런 둘째에게 장난을 치고 있는 첫째를 향해 나는 큰 소리로 외쳤다.

"얘들아! 제발 좀 자유롭게들 살아! 양말이 짝짝이면 어떻고 옷이 좀 이상하면 어때? 나는 나지! '내가 좋아서 입는데 누가 뭐래!' 하며 당당하게 살라고. 그렇다고 남한테 피해 주며 살라는 건 아냐. 남한테 피해 주지 않는 선에서 내가 좋아하는 것 하며 산다는데 누가 뭐래?"

"맞아요. 누가 뭐래요. 엄마가 원하는 대로 사세요!"

큰아들이 이렇게 말하더니, 동생 등을 떠밀며 막 도착한 엘리베이터에 올라탔다. 나는 천군만마를 얻은 듯 기세등등해졌다. 누구보다 큰아들이 내 편이 되어주면 그렇게 든든하고 좋을 수가 없다. 사춘기 때는 게임 때문에 많이 다퉜는데 스무 살이 넘어서부터는 부모와 동생의 마음을 헤아려주고 다독여주고 하는 것이 참 고맙고 대견하다.

나는 아이들이 어려서부터 가능하면 자유롭고 재미있게 지내도록 시간을 주려고 노력했다. 내 틀에 맞춰 아이들을 가두기보다 아이들 스스로 마음껏 세상을 탐험하고 그 속에서 뭔가 재밌는 일을 발견하고 신나게 놀길 바랐다. 그래서 아이들이 어렸을 때는 아파트도 되도록 1층으로만 이사를 다녔다. 1층의 장점은 여러 가지다. 고층에서 보는 것이야 똑같은 아파트들에 텅 빈 하늘뿐이지만 1층에서 바라보는 세상은 날마다, 계절마다 새로웠다. 창문으로 나무들이 보이고 새들도 날아다니고 사람들도 오가는 것을 보며 변화무쌍한 세상을 발견하게 되고, 층간 소음 걱정 없이 맘대로 뛰어다니고 소리 지르고, 놀다가 생각나면 그대로 밖으로 뛰어나가 놀 수도 있으니 아이들에겐 천국이나 다름없었다.

요즘 젊은 엄마들은 아파트 안에 온갖 놀이기구나 장난감을 사다가 가득 채워놓고 아이들을 그 안에서만 놀게 하는데, 우리 아이들은 보고 만지고 하는 것이 다 장난감이었다. 집 안에선 온갖 살림 도구며 옷이며 신발이며 책들이, 밖에서는 풀과 모래와 개미와 나뭇잎들이 장난감이었다. 아이들은 싱크대 문을 열어 온갖 그릇들을 다 꺼내놓고 두드리고 주무르고 뒤집어 써 보고 바닥에 패대기치고 별짓 다 해가며 하루 종일 신나게 놀았다. 나는 그 틈에서 책을 읽고 글을 썼다. 아이들이 심심해하면 더 많은 것들을 꺼내주며 맘대로 놀라고 아예 놀이판을 벌여주었다. 그래 맘대로 놀아라. 창의성이 별거냐. 너희 놀이가 다 창의적인 거지, 라고 큰소리치면서.

아이들이 있는 집에서는 가구며 살림 등속을 저렴하게 구입하는 것이 요령이다. 아이들이 맘대로 부수며 놀아도 아깝지 않을 만큼 저렴하고 실용적인 것이 좋다. 어떤 엄마들은 좋은 가구와 소품들로 집 안을 한껏 꾸며놓고 손님을 초대해 자랑하기도 하는데, 그 집 아이들을 보면 참 딱하다. 그 비싼 물건들이 망가질까봐 엄마가 벌벌 떨며 아이들을 단속해대니 대체 뭐가 주인인지 모르겠다. 아이들은 쉴 새 없이 새로운 놀이를 찾아 눈을 두리번거리면서도 줄에 묶인 마리오네트 인형처럼 엄마가 요리조리 조종하는 대로만 따라야 하니 숨이나 맘껏 쉴 수 있을까 싶다.

아이들은 놀면서 생각도 자라고 창의력도 자란다. 나는 아이들이 놀이에 몰입해 있을 때는 되도록 건드리지 않으려고 했다. 특히 큰아이는 한 가지에 몰입하면 시간 가는 줄 모르고 앉아 있곤 했다. 아이 방이 놀잇감으로 난장판이 되어 발 디딜 틈이 없어도 치워주지 않고 내버려두었다. 아이는 때가 되면 놀이를 끝내고 제 방을 순식간에 말끔히 정리해놓았다. 그런 식으로 제 할 일은 알아서 하고 자기 세계가 분명했기에 부모인 우리도 함부로 대할 수가 없었다. 좋게 말하면 자기 주관이 뚜렷했고, 나쁘게 말하면 고집불통이었다. 그런데 큰 아이의 이런 남다른 성향이 좋은 결과를 가져오기도 했다. 공부도 누가 억지로 시키면 안 하는데 스스로 하면 놀라울 정도로 몰입했다. 그 결과 다른 친구들보다 더 빨리, 더 좋은 결과를 이뤄내곤 했다. 그중 하나를 꼽자면 중학교 2학년 때 서울대 영재원에 합격한 일이다. 아이는 과학고를 목표로 체계적으로 공부하기 위해 뒤늦게 수학, 과학 전문 학원에 다니기 시작했는데 몇 개월이 채 되지 않아 서울대 영재원에 합격했다. 다른 아이들은 초등 4, 5학년 때부터 영재원 준비를 하는데 큰아이는 겨우 몇 개월 만에 합격하니 주변 사람들 모두가 놀라워했다.

큰아이의 말에 따르면, 합격 비결은 교수님과의 말싸움에서 자기가 이겨서라고 했다. 아이 말이 어느 정도 신빙성이 있었던 것이, 학원에서 답안지를 맞춰보니 아이의 답이 정답은 아니었다. 교수님은 아이가 정답과는 다른 답을 내놓긴 했지만 독특한 자기 논리를 갖고 있었고, 일부러 계속 유도 질문을 해도 아이가 당황하지 않고 자기 생각을 조리 있게 표현해내는 것을 보고 앞으로의 가능성을 높이 평가해 합격시켜준 듯했다. 그 후 아이는 2년간 즐겁게 서울대 영재원에 다녔고, 실험보고서를 쓰고 발표하는 것에 남다른 재능을 보여 교수님들의 신망도 얻었다. 얼마 전 책에서 읽은 어느 교수님의 말이 떠오른다. "창의성은 영재 교육이나 과학고에서 키워지는 게 아니다. 창의성은 근본적으로 남과 다를 수 있는 용기다."

　부모들은 누구나 자녀가 부모보다 더 나은 삶을 살기를 소망한다. 그래서 열심히 돈을 벌고 아이들을 치열하게 공부시킨다. 아이의 창의성을 길러주기 위해 어려서부터 두뇌 개발 학원에도 보내고 창의력 학원에도 보내고 놀이 교실에도 보낸다. 그런 학원들에 보내놓으면 아이들의 창의력이 높아지고 공부도 더 잘할 것이라고 기대한다. 하지만 그런 학원들 역시 정해진 틀 속에서 정해진 교과 과정을 아이들 머릿속에 주입시키고 있지는 않은지 잘 살펴볼 일이다.

　창의성이란 누가 떠먹여준다고 해서 길러지는 것이 아니다. 아이 스스로 이리저리 만져보고 들여다보고 깨뜨려보고 조합해보고 연구해보는 과정에서 자라난다. 사고력이나 창의성을 길러주려면, 아이에게 자유 시간을 많이 주고 많이 경험해보게 하는 것이 우선이다. 부모의 생각과 경험의 틀에 가두지 말고 자유롭게 풀어줄 때 아이는 부모보다 훨씬 더 넓은 세상에서 훨씬 더 큰 행복을 맛보며 살아갈 수 있다.

　아이의 가능성을 믿고 지켜보기 위해서는 먼저 부모의 욕심과 불안을 잘 다스릴 줄 알아야 한다. 불안은 확신이 없을 때 생겨난다. 확신이 없으면 이리저리 휘둘리고 남들이 하는 것만 엿보게 되고, 남들 가는 대로만 따라가려고 한다. 반면 자기 확신이 뚜렷한 사람은 상황을 명료하게 인식한다. 아이 문제도 상황을 제대로 파악하면 해결책이 보인다. 내 아이가 공부에 재능이 있는지, 춤이나 노래에 재능이 있는지 확실히 알아야 아이의 진로 결정에 도움을 줄 수 있다. 그러려면 아이를 늘 세심하게 지켜보고 관찰해야 한다. 간섭의 눈이 아니라 관심과 애정의 눈으로.

나 역시 우리 아이들을 늘 세심하게 지켜봤다. 잔소리도 많이 하긴 했지만, 그렇다고 아이들이 엄마와 담을 쌓을 정도로까지 하진 않았다. 되도록 아이들 기분에 맞춰, 아이들이 듣고 싶어하는 말을 해주려고 노력했다. 그리고 불필요하게 간섭하지 않기 위해 부러 내 일에 몰두하기도 했다.

아이가 살아갈 세상은 부모가 살아온 세상과는 다를 것이다. 부모 세대가 다 같이 일류대만을 목표로 공부했다면 우리 아이들이 사는 세상은 남과 다른 독특한 것으로 승부를 가리는 세상이 될 것이다. 아이가 원하고 재미있게 할 수 있는 일이 있다면 그 일을 원 없이 해볼 수 있도록 격려하고 지지해주자. 비록 돈은 얼마 못 벌지라도, 비록 남 보기엔 그럴듯하지 않더라도 아이가 즐겁고 행복하게 살 수 있다면 얼마나 좋은 일인가.

철학자이자 시인인 칼릴 지브란은 이렇게 말했다.

"부모는 활이고 자식은 그 활에서 살아 있는 화살처럼 떠나간다. 부모의 집에 자녀의 육신은 살게 할 수 있으나 영혼은 살게 할 수 없다. 자녀의 영혼은 내일의 집에 살고 있고 부모는 꿈에도 거기에 들어갈 수 없다. 자녀와 같이 되려고 힘써라. 그러나 자녀를 부모처럼 만들려고 해서는 안 된다."

나는 어떤 부모인가. 내 욕심대로 자녀의 날개를 꺾어 새장에 가둬두는 부모인가, 아니면 자녀에게 꿈과 날개를 달아주는 부모인가. 한번 깊이 생각해볼 일이다.

많이 놀아본 아이가
창의성도 남다르다

친구들과 어울려 노는 것을 즐기고 팀 운동을 많이 한 아이가 창의성도 높고 사회성도 좋다는 연구 결과가 있다. 여럿이서 놀이나 경기를 하려면 규칙을 정해야 하고, 갈등이 있을 땐 머리를 맞대어 문제를 해결해야 한다. 새로운 놀이를 개발하는 과정에서 사고력과 창의력도 키울 수 있고, 함께 협의하고 공감하고 배려하면서 사회성도 길러지는 것이다.

거대한 코끼리가 서커스단의 작은 기둥에 묶여 조련사의 지시에 따라 묘기를 부리는 것을 보면 놀랍다. 그 커다란 몸으로 묶여 있는 기둥을 뽑아버리면 자유의 몸이 될 텐데도, 새끼 때부터 조련사에게 길들여진 코끼리는 제 힘이 어느 정도인지도 모른 채 서커스장이 세상의 전부인 줄로만 알고 살아간다. 때가 되면 조련사가 밥을 먹여주니 그렇게 사는 것이 코끼리로선 안전하고 행복할지 모르겠지만, 드넓은 자연을 누비며 살 권리를 박탈당한 듯싶어 그걸 바라보는 마음은 영 불편하다.

아이들도 마찬가지다. 아이들은 공부만 하기 위해 이 땅에 태어난 것이 아니다. 그런데도 세상이 얼마나 넓은지, 사람들이 얼마나 다양하고 자유로운 방식으로 살아가는지 경험해보지도 못한 채 어려서부터 무거운 학원 가방을 메고 이리저리 전전하는 것을 보면, 마치 내가 그렇게 시키기라도 한 듯 고개를 들 수가 없다.

어른들은 말한다. 한국에 태어났으니 한국식으로 사는 게 당연하다고. 남들 다 참고 사는데 너는 왜 못 참느냐고. 군소리 말고 시키는 대로 공부나 열심히 하라고. 그래야 이 험한 세상에서 살아남는다고.

나는 아이들이 자유롭게 자라길 바랐기에 그런 말로 우리 아이들을 다잡지는 않았다. 그래서 학원도 아이들이 보내달라면 보내줬고 힘들다면 다니지 말라고 했다. 남편은 그 점이 불만이었다. 엄마가 너무 감상적이고 일관성이 없어 아이들이 제멋대로이고 끈기도 없다고 했다. 남편은 한국에 태어났으면 한국 시스템에 적응해야 한다며 아이들에게 힘들어도 끝까지 참아내라고 했다. 그리고 극기 훈련을 시키듯 아이들을 데리고 나가 함께 운동장을 돌고 농구와 축구를 하고 산을 올랐다. 그렇다고 항상 아이들을 엄하게만 대한 것은 아니다. 아이들과 함께 노래방에도 가고 영화도 보러 다니고 치킨집에서 수다도 떨며 아이들과 소통하려고 많이 노력했다. 덕분에 아이들은 아빠를 좋아하고 잘 따른다.

좋은 부모란 어찌 보면 아이들에게 세상을 직접 경험해볼 수 있는 기회를 많이 만들어주는 부모라는 생각이 든다. 책상머리에만 앉아 있도록 강요하지 않고 스스로 몸을 던져가며 많이 놀아보고 경험해볼 수 있게 해주는 것이 아이를 제대로 사랑하는 부모라고 생각한다. 사랑이라고 해서 다 좋은 것은 아니다. 너무 맹목적이고 일방적인 사랑은 상처를 주기도 한다. 부모가 자기 방식대로 사랑을 퍼붓는다 해도 자식이 사랑으로 받아들이지 못하고 구속으로 느낀다면 그게 과연 사랑일까? 그것은 집착의 다른 이름일 뿐이다. 진정한 사랑은 구속하지 않는 것이라고 하지 않는가. 부모 자식 간의 사랑도 마찬가지다. 사랑이란 상대방이 마음껏 성장할 수 있도록 자유를 주는 것이다.

아이들을 자유롭게 놔두라고 말하면 엄마들은 불안해한다. 금쪽같은 내 새끼가 엄마 품을 떠나면 당장 무슨 일이라도 당할 것 같아 좌불안석이다. 눈앞에서 아이들이 오가야만 안심이 된다. 학교, 학원, 집, 정해진 코스로만 다녀야지 아이가 말도 않고 잠시 어디라도 다녀오면 큰일이라도 벌어진 것처럼 아이를 야단친다. 그렇게 부모가 금이야 옥이야 단속하고 지킨다고 해서 아이들이 평생 안전하게 살 거라고 누가 장담할 수 있는가.

인생을 살다보면 예상치 못한 일을 수없이 겪게 된다. 언제 건물이 무너질지, 언제 다리가 끊어질지, 언제 눈사태가 날지 모른다. 언제 회오리바람이 불어와 멀쩡한 집을 날려버릴지, 언제 거대한 고드름이 머리 위로 떨어질지 아무도 예측할 수 없다. 내 아이가 학교 폭력에 희생되고 왕따를 당하고 성추행을 당할 것을 미리부터 알고 있는 부모는 없다. 그렇게 우리가 살아가는 세상은 예측 불허에다 혼돈이 상주하는 세상이다. 불안한 세상에서 살아남으려면 스스로 강해지는 수밖에 없다. 스스로 자기 몸을 지킬 수 있도록 체력을 키우고 지혜를 길러서 운명에 맞서 싸워나가는 수밖에 없다.

몸으로 많은 것을 경험해본 아이들은 그렇지 않은 아이들보다 상황 인식이 빠르고 위기에 대처하는 능력도 뛰어나다. 우리 아이들만 봐도 그렇다.

큰 아이, 작은 아이 모두 어려서부터 태권도, 수영, 농구, 축구, 테니스 등 운동을 많이 해서 그런지 체력도 좋고 자신감도 높은 편이다. 혼자 세상으로 나가는 것도 그리 두려워하지 않는다.

나는 경험하는 만큼 성숙해진다고 믿기에 주저 없이 아이들의 등을 떠밀어 밖으로 내보냈다. 그런 엄마 때문에 아이들은 어려서부터 혼자서 전철을 타고 제 볼일을 보러 다녔다. 그러다 소매치기를 당하기도 하고 뒷골목에서 돈을 뺏기기도 했다. 하지만 당황하지 않고 주변 사람들의 도움을 받아 어려움을 해결하곤 했다. 외국에서 돌아온 후 학교에서 왕따를 당한 적도 있었지만 친구들과 같이 운동하며 친해지고 공부도 도와주고 하면서 학교생활을 별 탈 없이 해나갔다.

친구들과 어울려 노는 것을 즐기고 팀 운동을 많이 한 아이가 창의성도 높고 사회성도 좋다는 연구 결과를 본 적이 있다. 여럿이서 놀이나 경기를 하려면 규칙을 정해야 하고, 이기려면 같은 편과 협력해야 한다. 갈등이 있을 때 머리를 맞대어 문제를 해결하고, 승리의 기쁨과 패배의 좌절도 맛보고, 패배를 딛고 승리하기 위해 노력을 쏟는 등의 전 과정이 두뇌를 활발히 움직이게 해서 사고력을 높여준다. 새로운 놀이를 개발하는 과정에서 창의력도 키울 수 있고, 잘 놀기 위해 함께 협의하고 공감하고 배려하면서 사회성도 길러지는 것이다.

우리는 보통 친구들이 많아야 사회성이 좋다고 생각한다. 하지만 사회성이란 단순히 친구를 사귀는 문제를 떠나 주변의 모든 환경에 적절히 반응하며 적응하는 능력이라고 한다. 사회성이 좋다는 것은 자기 의견을 조리 있게 표현하고 타인의 의견을 잘 들어주며 자신과 타인 사이에서 순조롭게 합의를 이끌어내는 것을 의미한다. 사회성이 좋은 아이들은 친구들과 선생님과의 관계가 좋기 때문에 수업에도 능동적으로 참여하고, 공부에 필요한 도움도 수월하게 받을 수 있어 결과적으로 성적도 좋은 편이다. 자기 의견을 적극적으로 표현할 수 있기 때문에 왕따나 학교 폭력에도 의연하게 대처할 수 있다.

사회성은 타고난 기질보다는 부모가 어떻게 아이를 양육했는가에 따라 달라질 수 있다. 부모가 따뜻하고 수용적이고 일관적인 태도를 보이면, 아이는 부모를 신뢰하고 자신의 마음을 드러내고 이해받는 것에 익숙해진다. 그런 경험을 친구들과도 공유하게 되고 서로 도움을 주고받으며 어려운 문제도 잘 해결해낸다. 반면 강압적인 부모 밑에서 감정을 무시당하거나 칭찬보다 비난을 많이 받으며 자란 아이는 자신감도 낮고 어떤 일에 적절히 대처하는 능력도 떨어진다. 자신의 감정을 이해받은 적이 없기에 남의 감정도 잘 이해하지 못한다. 아이는 마음속에 쌓인 분노를 자신보다 약한 아이를 괴롭히면서 해소한다. 또 자신의 마음을 당당히 표현하는 법을 몰라 폭력의 피해자가 되기도 한다.

자녀가 느끼는 분노나 두려움, 슬픔 같은 감정을 무시하고 회피해버리는 부모도 많다. 친구가 괴롭혀서 힘들다고 아이가 말하는데도 아이의 마음에 공감하고 해결해주기보다는 "별 일 아니야. 친구는 네가 좋아서 그러는 거야. 그러니까 친구랑 사이좋게 지내"라고 말하면 아이는 감정의 혼란을 느긴다. 좋아하면 괴롭히는 건가? 그런데 화가 나고 귀찮고 슬픈 건 왜지? 부모는 아이에게 좋은 감정만 느끼게 해주고 싶은 마음에 부정적인 감정은 되도록 가볍게 처리해버리려 하지만, 아이는 자신의 감정을 무시당했다고 생각하고 부모의 사랑을 의심하게 된다. 그래서 무슨 일이 있더라도 부모에게 말하지 않고 숨기게 되는 것이다.

내 아이가 사람들과 잘 어울려 살아가고 어떤 상황이 닥쳐도 잘 헤쳐나가길 바란다면 아이를 세상 밖으로 내보내 되도록 많은 경험을 하게 해야 한다. 마음껏 놀고 많이 경험해본 아이는 세상이 만만치 않다는 것을 몸으로 깨닫는다. 그래서 자기를 보호하기 위해, 세상에서 살아남기 위해 몸을 단련하고 새롭게 공부를 시작한다. 스스로 하는 공부는 집중도 잘되고 효율성도 높다. 친구들보다 뒤처졌더라도 곧 따라잡을 수 있다. 부모가 옆에서 불안해하거나 조급해하지만 않는다면 아이는 어느 때고 당당한 청년이 되어 사회로 나갈 수 있다.

아이들의 놀고 싶은 욕구는 배고플 때 밥을 먹는 것처럼 자연스러운 것이다. 아이들은 놀고 싶을 때 맘껏 뛰놀고 소리 지르고 싶을 때 맘껏 소리 질러야 제대로 성장할 수 있다. 울고 싶을 때도 맘껏 울 수 있어야 한다. 그렇게 한 번씩 에너지를 쏟아내야 정신도 건강해진다. 놀이를 박탈당하고 그 스트레스를 자기보다 약한 친구를 괴롭히는 것으로 풀지 않도록 아이들에게 충분히 놀고 운동할 시간을 주자. 부모는 아이에게 건강한 성장을 위한 시간을 주는 데 인색해서는 안 된다.

학교는 행복한 곳이어야 한다

내 아이의 교실에 몸이 불편한 아이가 있어도, 그 아이가 내 아이의 짝이 되어도, 공부에 방해된다고 선생님한테 항의할 것이 아니라 그 기회를 통해 내 아이가 다른 사람을 이해하고 배려하는 법을 배울 수 있다는 것에 감사해야 한다. 내 아이가 아파트 평수에 따라, 부모의 직업에 따라, 성적에 따라 친구를 골라 사귀지 않는다고 혼낼 것이 아니라 내 아이의 마음 그릇이 모든 사람을 품을 만큼 넉넉한 것에 기특해하고 감사해야 한다.

다섯 살과 일곱 살 난 두 아들을 데리고 아르헨티나로 갈 때 제일 걱정했던 것은 아이들 교육 문제였다. 명색이 영어 전공자라 어려서부터 영어 동화책도 많이 읽어주고 원어로 된 디즈니 만화도 많이 보여주고 간단한 생활 영어를 자주 사용해서 아이들이 영어를 두려워하거나 거부감을 느끼진 않았다. 하지만 피부색과 언어가 다른 아이들 틈에서 과연 우리 아이들이 어떻게 적응해나갈지가 걱정이었다. 그런데 막상 그곳에 가서 생활해보니 그런 걱정은 기우였다. 아이들은 말이 통하지 않아도 너무도 즐겁게 학교에서 뛰놀고 공부했다.

아이들 학교의 참관 수업에 가보니 열대여섯 명 되는 아이들을 두 명의 선생님이 돌보고 있었다. 아이들은 카펫이 깔린 교실 바닥에 빙 둘러앉아 선생님이 재미나게 읽어주는 동화에 귀를 기울였다. 어떤 아이는 책상 밑으로 굴러 들어가 숨어 있고, 또 어떤 아이는 바닥에 드러누운 채 딴 짓을 하고 있는데도 선생님은 별다른 제지 없이 상냥한 얼굴로 아이들을 대했다. 그런 다음 읽어준 동화 내용을 바탕으로 아이들에게 질문을 던지기 시작했다.

아이들은 아무 말 없이 손만 들고 있었다. 선생님이 한 아이를 지목하자 그 아이가 또박또박 대답을 했다. 그 아이가 말하는 동안 다른 아이들은 조용히 듣고 있었다. 다음 순서는 동양 아이였는데 말이 서툴렀다. 선생님은 그 아이가 끝까지 자기 생각을 말할 수 있도록 열심히 호응해주었고, 다른 아이들도 그 아이의 말이 다 끝날 때까지 조용히 경청했다. 남을 배려하고 기다려주는 모습이 인상적이었다.

학교 수업은 이론을 주입시키기보다는 아이들의 다양한 생각을 끌어내기 위해 질문을 던지는 방식으로 진행되었다. 교과도 진도를 빼는 데 연연하는 것이 아니라 한 가지 주제를 깊이 있게 파고드는 방식이었다. 아이들은 팀을 이뤄 각자가 연구할 부분을 정해 다양한 자료를 조사하고, 조사한 자료들을 정리해 발표했다. 그런 과정을 통해 아이들은 서로 협력하고 배려하는 것을 배웠고, 자료 조사를 위해 다양한 책을 접하며 책과도 더 친해질 수 있었다.

학교에선 독서와 체육 활동을 중시했고 더불어 사는 것에 초점을 맞춰 교육했다. 말로만 그런 것이 아니라 실제로 학습 부진아나 장애아들도 보조교사의 도움을 받아 일반 교실에서 함께 수업을 듣게 함으로써 일반 아이들이 자신과 다른 점이 있는 아이를 자연스럽게 받아들이는 법과 돕는 법을 익히게 했다. 그리고 사람을 외모나 성적으로 평가하는 것이 아니라 개개인의 특성을 존중하도록 교육하기 때문에 왕따나 학교 폭력도 거의 일어나지 않았다.

떠날 때와 마찬가지로 한국에 돌아왔을 때도 아이들 교육 문제가 가장 고민이었다. 고삐 풀린 망아지처럼 자유롭게 뛰놀던 아이들을 한국식 교육에 어떻게 맞춰야 할지 걱정이었다. 예상대로 아이들은 교실에 오랫동안 앉아 있는 것 자체를 힘들어했다. 초등학교 2학년인 작은아들은 저학년이라 그나마 수업 부담이 적어 곧 적응했지만, 4학년인 큰아들은 한동안 여러 가지로 혼란을 겪었다. 큰아이는 토론식 수업이 아니라 선생님이 일방적으로 지식을 전달하고 아이들은 듣기만 하는 수업 방식을 낯설어했고, 아이들이 수업에 집중하지 않고 엎드려 자거나 딴 짓을 하는 것을 이해하지 못했다. 그리고 대부분의 아이들이 거친 욕설을 하고 아무렇지도 않게 폭력을 휘두르는 것에도 강한 거부감을 느꼈다.

큰아이는 어려서부터 호기심이 많고 궁금한 것도 많은 아이여서 수업 시간에 자기 식대로 스스럼없이 선생님한테 질문을 했다. 하지만 선생님은 질문하는 것을 그리 탐탁지 않게 여겼고 반 아이들은 큰아이가 잘난 척한다며 왕따를 시켰다. 큰아이가 학교생활을 힘들어한다는 걸 알면서도 엄마로서 딱히 해줄 수 있는 일이 없었다. 아이가 하는 얘기를 잘 들어주고 아이의 마음을 달래주는 것 말고는 달리 방법을 찾을 길이 없었다. 그런 다음 또다시 아이들이 왕따를 시키거나 괴롭히면 선생님께 도움을 청하라고 했다. 선생

SCHOOL BUS
EMERGENCY EXIT

님이 그때도 모른 척하면 엄마가 나서서 도와주겠다고 말하며 아이를 안심시켰다. 엄마에 대한 믿음이 있어서였는지, 그 후로 큰아이는 별 탈 없이 학교에 잘 다녔고 친구들과도 잘 어울려 지냈다.

오래전부터 우리 공교육은 지탄의 대상이 되어왔다. 교권은 무너졌고, 아이들은 학교보다 사교육 기관을 더 믿는다. 엄마들은 사교육비를 마련하기 위해 가사도우미도 자처한다. 학교 폭력은 날로 교묘해지고 폭력에 시달리다 목숨을 끊는 아이들의 숫자도 계속 늘어나고 있다. 학교 폭력뿐 아니라 성적 비관으로 자살하는 아이들도 많다.

무엇이 우리 아이들을 이렇게 벼랑 끝으로 몰아가는 것일까.

무슨 일만 벌어지면 학부모는 학교와 선생님들을 탓하고 학교는 극성맞은 학부모들을 탓한다. 하지만 서로 탓만 하는 것은 닭이 먼저인지 달걀이 먼저인지를 따지는 것처럼 무의미한 일이다. 차라리 그 시간에 함께 머리를 맞대고 무엇이 문제인지, 어떻게 하면 우리 아이들이 행복한 학창 시절을 보낼 수 있을지를 진지하게 고민하는 것이 현명하다.

학교는 영혼이 메말라버린 아이들이 친구들을 괴롭히며 집에서 못 잔 잠을 자는 곳이 아니라, 선생님들의 관심과 사랑 속에서 더불어 사는 법을 배우고 세상 살아가는 지혜를 배우는 곳이어야 한다. 학교는 성적을 위한 단순 지식만 머릿속에 넣어주는 곳이 아니라, 스스로를 자각하고 성찰할 수 있는 분별력과 통찰력을 길러주고 생활에서 맞닥뜨리는 여러 가지 문제를 지혜롭게 해결하는 능력을 길러주는 곳이어야 한다. 학교는 아이들이 꿈을 발견하고 그 꿈을 이룰 수 있도록 서로 격려해주고 이끌어주는 곳이어야 한다. 그러려면 학부모가 먼저 학교를 믿어주고 선생님을 신뢰해야 한다. 내 아이가 수행평가에서 몇 점을 받을까, 내 아이가 반에서 몇 등을 할까에만 신경 쓰지 말고 아이가 친구들과 어떻게 지내고 있는지, 선생님과 얼마나 많은 교감을 나누고 있는지에 더 관심을 가져야 한다.

지인 중에 초등학교 교사가 있는데 아이들이 5, 6학년만 돼도 너무 억세서 말썽을 부려도 딱히 야단치지 않고 그냥 바라만 보게 된다고 한다. 좋은 말을 해줘도 듣지도 않고, 괜히 잘못 건드렸다간 학부모가 쫓아와 일만 커지기 때문에 손 놓고 바라보기만 한다는 것이다. 그 말을 듣고 마음이 아팠다. 선생님이라면 끝까지 아이들을 포기하지 않고 가르쳐야 하지 않나 하는 생각이 들어서였다. 물론 선생님의 상황을 이해 못하는 것은 아니다. 내 자식 하나도 제대로 건사하지 못해 힘들다고 난리인데, 어떻게 선생님 혼자서 수십 명의 아이들을 다 보살피겠는가. 그럼에도 우리는 선생님들에 대한 믿음을 버릴 수가 없다. 선생님들이 우리 아이들을 제대로 교육시키고 변화시킬 것이라는 믿음, 문제아를 가슴으로 품어주고 아이의 얘기를 들어주고 아이의 등을 쓸어주는 부모 같은 선생님이 많을 것이라는 믿음.

공교육이 아무리 지탄의 대상이 된다 해도, 아직 곳곳에 좋은 학교와 좋은 선생님들이 많이 있다. 그들 덕분에 고통스러운 교육 여건 속에서도 그나마 아이들이 바르게 자라고 사회가 유지되고 희망적인 미래를 꿈꿀 수 있는 것이다.

학생 흡연과 폭력이 난무하던 학교에서 모두가 전학 오고 싶어하는 학교로 변모한 곳이 있다. 그 고등학교는 입학식 때 아이들에게 장미꽃을 한 송이씩 선물한다고 한다. 그 꽃에는 '너희는 모두 이 꽃처럼 아름다운 존재다'라는 의미가 담겨 있다. 학생들 가운데 단 한 아이의 손도 놓지 않고 끝까지 함께 가겠다는 뜻이다. 입학식 때 꽃을 받은 아이들은 졸업식 때면 가시가 없는 종이 장미꽃을 만들어 선생님에게 돌려준다. 우리가 입학할 때는 가시가 잔뜩 달린 존재였는데 선생님들의 사랑이 그 가시를 없애주었다는 뜻이란다.

그 학교에선 체벌 대신 문제를 일으킨 학생과 선생님이 함께 한 시간 동안 산책을 하며 선생님이 아이의 얘기를 들어준다. 선생님들과 학생들이 함께 산을 종주하며 대화를 통해 신뢰를 회복하고 사제 간의 정을 나누기도 한다. 또한 성적에 따라 강제로 반을 나누는 것이 아니라 아이들과의 상담을 통해 스스로 반을 선택하게 해서 아이들이 공부의 필요성을 스스로 깨달아가게 한다. 그런 노력이 있었기에 이 학교 아이들은 학교와 선생님을 믿고 존경하게 되었고, 그 지역의 문제 학교에서 너도나도 전학 오고 싶어하는 학교로 거듭날 수 있었다.

교육선진국들을 보면 성적순으로 아이들을 줄 세우지 않는다. 아이가 피부색이 다르다고, 몸이 불편하다고 소외시키는 일도 없다. 몸이 불편하고 말이 어눌하면 조금 느릴 뿐이라고 생각한다. 그들을 특별한 존재로 인식해 도움을 주려 하기보다는 똑같은 기회를 주고 똑같은 관심을 기울인다. 아이들도 자연스럽게 그들과 함께 어울려 놀고 공부한다.

교육 낙원이라 불리는 핀란드에서는 '한 사람이 열 걸음을 가는 것보다 열 사람이 한 걸음을 걷는 것이 더 의미 있다'고 말하며 협동심이나 배려를 중점적으로 가르친다. 학부모들도 성적 1등보다는 아이에게 평생 즐길 거리를 선물하기 위해 취미와 관련된 사교육에 더 관심을 쏟는다. 핀란드의 학교는 초등 1학년 때 정해진 담임교사가 6학년 때까지 계속 담임을 맡는다. 반 아이들도 그대로 함께 진급한다. 한국의 부모들은 그럴 경우 내 아이가 한번 찍히면 끝장이라고 생각하며 불안해할지도 모르겠다. 하지만 그곳 부모들은 선생님이 아이들 개개인의 성격이나 학업 능력 등의 기초적인 내용부터 발달 사항 하나하나까지 정확히 파악해 아이들에게 적성을 찾아주고 진로 상담까지 해주는 것을 고마워한다.

정권에 따라 흔들리지 않는 교육 정책, 성적보다는 배려와 협동을 중시하는 교육 이념, 스스로 만든 교육 이론을 학교 현장에서 활용할 수 있게 해주는 교사의 자율권, 학교와 선생님에 대한 학부모의 믿음이 핀란드를 교육 낙원으로 만들었다.

우리도 궁극적으로는 교육선진국을 지향한다. 그렇다면 당연히 우리 의식도 선진국 수준에 도달해야 한다. 미래 사회는 똑똑하고 공부만 잘하는 사람을 필요로 하지 않는다. 여러 사람과 공감하고 배려하고 협력하는 사람을 필요로 한다. 아무리 뛰어난 사람이라도 혼자 골방에 틀어박혀서는 어떤 것도 이뤄낼 수 없다. 많은 사람의 의견을 모으고 그 의견을 조정하고 통합해 상황에 맞게 활용할 수 있는 지혜로운 사람이 리더가 되고 성공도 할 수 있는 것이다.

　내 아이의 교실에 몸이 불편한 아이가 있어도, 그 아이가 내 아이의 짝이 되어도, 공부에 방해된다고 선생님한테 항의할 것이 아니라 그 기회를 통해 내 아이가 다른 사람을 이해하고 배려하는 법을 배울 수 있다는 것에 감사해야 한다. 내 아이가 아파트 평수에 따라, 부모의 직업에 따라, 성적에 따라 친구를 골라 사귀지 않는다고 혼낼 것이 아니라 내 아이의 마음 그릇이 모든 사람을 품을 만큼 넉넉한 것에 기특해하고 감사해야 한다. 아이들이 마음의 가시를 없애고 친구들과 더불어 행복한 학창 시절을 보낼 수 있도록 학교, 선생님, 학부모가 머리를 맞대고 해법을 찾아야 할 때다. 아이들이 행복해야 미래도 꿈꿀 수 있다.

TV와 게임,
막는 게 능사는 아니다

요즘 아이들에겐 놀이 문화가 따로 없다. 컴퓨터가 놀이터이고 운동장이
다. 아이들은 사이버 세상에서 신나게 논다. 사이버 공간에서 친구와 대
화하고 낄낄거린다. 그것이 요즘 아이들의 놀이다. 그러한 문화의 흐름
을 이해하고 스스로 제어하도록 가르쳐야지 무조건 막는 게 능사는 아니
다. 금지는 더 큰 욕망을 불러일으킨다. 너무 강력하게 금하면 아이들은
수업을 빼먹으면서라도 욕구를 해소하기 위해 피시방으로 달려간다.

어느 날 텔레비전 채널을 이리저리 돌리는데 화면에 격렬하게 싸우는 아
빠와 아들의 모습이 보였다. 게임 문제로 다투는 것 같았다. 남일 같지 않아
서 몸을 곧추세우고 텔레비전 화면에 빠져들었다. 공부를 곧잘 하던 중3 아
들이 게임에 빠진 것을 두고 아빠가 나무라자 아들이 소리를 질러대고 있었
다. "게임에 빠진 것은 다 너 때문이라고!" 아이는 아빠를 '너'라고 지칭하며
화를 냈고 아빠 역시 화를 못 참고 거친 말을 쏟아냈다. 결국 옆에서 눈치만
보던 엄마가 남편의 팔을 붙들고 그만두라고 사정했고 그 사이 아들은 집을
나가버렸다.

비단 텔레비전 속 가정뿐 아니라 어느 집이든 비슷한 문제로 골머리를
앓고 있을 것이다. 우리 집도 예외는 아니었다. 아이들이 초등학교 고학년

200

이 되자 컴퓨터게임과 텔레비전에 빠져들었다. 그동안 다양한 외부 활동과 독서, 운동을 즐기며 지내던 아이들이라 조금 그러다 말겠지 하며 대수롭지 않게 생각하고 내 일에만 몰두했다.

그런데 아니었다. 아이들은 열 일 제쳐두고 텔레비전과 컴퓨터 앞에서 떠날 줄 몰랐다. 특히 승부욕이 강한 큰아이는 게임에서도 지존 자리를 노리며 하루에 네다섯 시간씩 컴퓨터 앞에 앉아 있었다. 형한테 컴퓨터를 뺏긴 작은아이는 텔레비전 예능 프로그램에 빠져서 개그맨을 흉내 내느라 여념이 없었다. 걱정스러운 마음에 그만하라고 잔소리라도 할라치면, 친구들과 얘기가 통하려면 게임이나 드라마, 연예인들에 대해 잘 알아야 한다며 고집을 피웠다. 엄마인 내가 컴퓨터에 대해 좀 안다면 비밀번호를 걸어두고 시간을 정해 게임을 하게 한다든지 하는 방법이 있었을 텐데, 컴퓨터로 할 줄 아는 게 겨우 글 쓰고 저장하는 것이 전부였기에 속만 끓이며 지켜볼 수밖에 없었다.

어느 날 한 엄마와 이야기를 하다 아이들의 컴퓨터게임 문제가 화두가 되었다. 다른 엄마들은 컴퓨터 자판을 떼어내서 외출할 때 가지고 간다든지, 안방에 컴퓨터를 놓고 문을 잠그고 나간다든지, 아니면 아예 코드를 가위로 잘라버린다든지 초강수를 둔다기에 나도 여러 가지 궁리를 해봤다. 우선 컴퓨터를 안방에 들여놓고 문을 잠그고 외출하는 방법을 써봤다. 하지만 큰아이는 포기하지 않고 별의별 방법을 다 동원해 방 안에 들어가려 했고,

그것을 막으려는 내게 심한 말을 퍼붓기도 했다. 어찌할 도리가 없어 남편한테 도움을 청했지만 늘 바쁜 남편은 아이들 문제를 그리 심각하게 받아들이지 않았다.

집에 있는 컴퓨터 한 대를 큰아이가 독차지하다시피 하니 가끔 글을 써야 하는 나나 게임을 하고 싶어하는 작은아이나 스트레스가 이만저만이 아니었다. 그러던 어느 날, 큰맘 먹고 게임에 빠져 있는 큰아이를 밀쳐내고 컴퓨터 코드를 가위로 싹둑 잘라버렸다. 심장이 떨리고 겁이 났지만 아이의 게임 중독을 막으려면 무슨 일이든 해야 할 것 같았다. 엄마의 기세에 아이가 잠시 주춤하는 듯했다. 하지만 이미 엄마인 나보다 훨씬 커버린 아이는 그래 봐야 소용없다는 듯 느긋한 표정이었다.

큰아이 문제가 너무 심각해지자 나는 다시 남편에게 SOS를 보냈고, 그제야 남편은 하던 일을 제쳐두고 아이들 문제에 관심을 기울이기 시작했다. 텔레비전 시청이나 컴퓨터게임은 하루에 두 시간을 넘기지 않게 하고, 언제 얼마나 했는지 시간을 기록해 아빠한테 검사를 맡기로 원칙을 정했다. 그나마 아빠를 어려워하던 아이들은 시간표에 시간을 기록하기 시작했지만 바쁜 아빠가 제대로 검사를 하지 못하자 얼마 못 가 흐지부지되고 아이들은 아무것도 달라지지 않았다.

우리는 처음부터 다시 시작하기로 했다. 가족회의를 열어 아이들에게 게임을 얼마나 할 것인지 스스로 시간을 정하게 했다. 큰아이는 2시간만 하겠다고 약속했고, 둘째는 게임은 1시간, 텔레비전은 2시간을 보겠다고 약속했다. 아이들이 말한 것을 지키지 못했을 때는 5분 초과 시 다음 날 10분씩 시간을 단축한다는 벌칙도 세웠다. 시간표는 컴퓨터 앞 벽에 붙여놓고 엄마

의 감시 아래 자기 손으로 정확히 기록하기로 했다.

게임과 텔레비전에 대한 규칙을 세운 후 남편은 큰아들에게 꿈이 무엇이냐고 물었다. 평소 과학 분야에 관심이 많던 아이는 당연하다는 듯 과학자가 되고 싶다고 했다. 남편은 과학자가 되려면 어떻게 해야 하냐고 다시 물었다. "공부를 열심히 해야겠죠"라고 큰아들이 대답했다. 남편은 공부도 목표가 있어야 열심히 할 수 있다고 말하며 과학고에 도전해보면 어떻겠냐고 물었다.

"과학고요?"

큰아이의 눈이 모처럼 반짝이기 시작했다.

"과학고에 가려면 어떻게 해야 하는데요?"

남편도 자세한 것은 모르는 눈치여서 내가 얼른 끼어들었다.

"내일 선생님께 여쭤보자. 어떻게 하면 과학고에 갈 수 있는지. 알았지?"

다음 날 잔뜩 기대에 부푼 나와 큰아이는 담임을 찾아갔다. 담임이 마침 물리 선생님이라 자세히 말씀해주실 수 있을 것 같았다. 앞뒤 없이 순진하게도, 과학고에 가려면 어떻게 해야 하냐고 묻는 학부모와 학생을 물끄러미 바라보던 선생님은 딱 한마디만 했다.

과학고에 가려면 학원에 다녀야 한다고!

그 길로 우리는 학원을 찾아 나섰고 과학고 입시 성과를 알리는 플래카드가 휘날리는 어느 학원을 정해 등록을 했다. 나는 큰아이가 과학고에 가든 일반고에 가든 상관없었다. 다만 아이를 어떻게든 게임에서 떼어놓고 싶은 생각뿐이었다. 그런데 새로운 지식에 목말라 있던 큰아이는 놀라울 정도로 학원 수업에 빠져들었다. 처음엔 선행학습이 안 되어 진도를 따라가기도 벅차했지만 수업에 집중하고 집에서도 열심히 공부한 결과, 다른 아이들보다 더 나은 결과를 이뤄냈고 게임과는 자연스레 멀어졌다.

　텔레비전을 많이 보거나 게임을 많이 하는 아이들은 집중력이 떨어지고 수업 흥미도도 낮아 성적이 좋을 수가 없다. 미국 캘리포니아 공대 보고서에 따르면 영상물에 지속적으로 노출된 아이들은 좌뇌 활동이 크게 위축되어 논리력과 분석력이 약화되고 읽기, 쓰기, 셈하기 능력이 퇴보한다고 한다. 그 결과 작은 글자가 빼곡히 들어찬 책을 읽는 것을 싫어하고 생각을 넓게, 깊게 하는 것도 어려워한다는 것이다.

　또한 영상물은 아이들을 공격적이고 폭력적으로 변하게 한다. 미국 아이들은 초등학교를 졸업할 때까지 8,000번의 살인과 10만 번의 폭력을 목격한다고 하는데, 이는 텔레비전의 경우를 조사한 수치이고 영화나 컴퓨터게임 등 다양한 영상물로 조사 대상을 확대하면 폭력물의 노출 빈도는 훨씬 더 늘어난다. 정신분석학자들에 따르면 폭력물에 많이 노출된 아이일수록 청소년기에 범죄를 저지를 확률이 높다고 한다.

　이토록 유해한 게임이나 영상물에서 아이들을 보호할 방법은 없을까. 게임 중독 문제를 해결하기 위해서는 먼저 아이가 왜 게임에 빠져드는지 그 원인을 파악해야 한다. 학업 문제인지, 진로 문제인지, 아니면 학교 폭력이나 왕따를 당하는지를 아이와의 대화를 통해 알아낸 후 그 불안을 적절히 해소해주는 조치가 필요하다. 그런 다음 게임을 운동이나 책 읽기 같은 하나의 기호(嗜好)로 인정해주고 시간을 정해놓고 하게 해야 한다.

요즘 아이들에겐 놀이 문화가 따로 없다. 컴퓨터가 놀이터이고 운동장이다. 어른들이 어릴 때 밖에서 뛰놀던 문화가 그대로 컴퓨터 안으로 옮겨졌다고 보면 된다. 아이들은 사이버 공간에서 친구와 대화하고 낄낄거린다. 그것이 요즘 아이들의 놀이다. 그러한 문화의 흐름을 이해하고 제어할 수 있는 능력을 가르쳐야지 무조건 막는 게 능사는 아니다. 막는다고 막아지는 것도 아니다. 너무 강력하게 금하면 아이들은 수업을 빼먹으면서라도 욕구를 해소하기 위해 피시방으로 달려간다. 차라리 부모가 통제할 수 있는 집 안에서 할 수 있도록 시간을 정해 허용해주는 것이 낫다. 부모와 합의한 규칙을 잘 지키면 아이가 노력한 것을 칭찬해주고, 아이가 스스로 제어할 수 없다면 부모가 주의 깊게 지켜보며 체크하는 것이 현명한 방법이다.

주말여행을 떠나거나, 운동을 함께 하는 등 아이가 좋아하는 활동을 가족이 다 함께 하는 것도 아이를 게임 중독에서 구해내는 좋은 방법이다. 소 잃고 외양간 고치는 격으로 게임에 이미 중독된 아이들의 시선을 다른 곳으로 돌리는 게 쉬운 일은 아니다. 부모와 함께하는 활동이 새삼 재미있을 리도 없다. 그래서 어린 자녀를 둔 부모라면 아이가 게임에 빠져들기 전에 짧은 시간이라도 틈틈이 함께 시간을 보내는 것이 중요하다.

아이의 꿈과 진로를 함께 찾아보는 것도 좋은 방법이다. 롤모델을 찾아 만나보거나 꿈을 이뤄줄 장소에 가보거나 꿈을 이루기 위한 공부를 할 수 있는 곳을 알아봐준다면 아이는 확실한 목표를 갖게 되고 어느새 게임도 스스로 멀리하게 된다.

세상은 온갖 상황이 펼쳐지는 정글이다. 언제까지고 온실 속 화초처럼 아이들에게 좋은 것만 보여주고 좋은 것만 들려주며 자라게 할 수는 없다. 컴퓨터든 텔레비전이든 한 번쯤 겪어야 할 시련이고 과정이라면 아이들이 너무 깊이 빠져들기 전에, 부모가 지혜와 인내심을 갖고 올바른 방향으로 이끌어주는 기지를 발휘해야 한다.

4장

아이의 사고체력을
키우는 독서와 글쓰기

무엇이든
자연스러운 게 제일이다

뭐든 내 아이한테 맞는 방법대로 적당히 하는 것이 정답이다. 적당히 해야 여백이 있고 아이가 그것을 채워가며 즐길 수 있다. 부모가 왜 아이를 대신해 100% 다 채워주려고 하는가. 아이는 도대체 무슨 재미로 살라고. 실패하든 성공하든 아이는 스스로 경험하며 행복을 느낄 것이다. 실패를 두려워할 필요는 없다. 바람이 좀 불어줘야 나무도 튼튼하게 자라는 법이다.

큰아이가 중학교 1학년 1학기 말 무렵이었던 것으로 기억한다. 학교에서 돌아온 아이가 말했다.

"엄마! 제가 전교에서 7등 했대요!"

"전교가 아니라 반이겠지."

"아니에요, 전교 7등이래요, 선생님이 그러셨어요."

"그래? 참 별일이다! 네가 어떻게 전교에서 7등을 했다니?"

"그러게 말이에요. 저도 뭐가 뭔지 모르겠어요."

대화만 들어보면 참 별난 모자라고 생각할 것이다. 그 정도 성적이라면 방방 뛰며 좋아라 할 판인데 별일이라며 고개만 갸웃거리고 있으니 이상할 수밖에. 그런데 좋은 일도 어느 정도 현실성이 있어야지, 전혀 생각지도 않던 아이의 성적 얘기를 들으니 기쁘기보다는 어디 먼 나라 얘기처럼 도통 실감이 나지 않았다. 왜냐하면 그때까지 우리는 학교 수업만 제대로 따라가도 다행이라 생각하고 있었기 때문이다.

큰아이는 일곱 살 무렵부터 외국에서 살다가 4학년 때 한국으로 돌아왔다. 나는 낯선 학교생활에 아이가 잘 적응하기만을 바랐기에 초등학교 때 시험이 있는지 없는지, 아이 성적이 어떤지는 관심 밖이었다. 나 역시 오랜만에 돌아온 한국 생활이 낯설어 적응하느라 바빴고, 그 무렵 시작한 공부방 때문에 아이를 세심하게 돌봐줄 여력도 없었다. 나는 아이들이 건강하게 학교에 잘 다니면 그만이라는 생각에 아이들의 학교와는 거의 담을 쌓고 지냈고, 엄마들과의 교류도 별로 없었기에 성적이나 공부로 스트레스 받을 일도 없었다.

학원도 아이들이 재미있어할 만한 예체능 학원이나 창의놀이 수학 학원 정도만 보냈는데 그것도 아이들이 다니기 싫다 하면 바로 그만두고 쉬게 했다. 억지로 다녀봐야 아이한테 스트레스만 주고 돈만 낭비할 뿐이라고 생각했기 때문이다.

우리 가족이 살던 지역은 대치동처럼 강북의 교육 특구로 이름난 곳이었다. 동네가 그렇다보니 그곳 아이들은 대부분 초등학교 때부터 여러 개의 학원에 다녔다. 그런 동네에서 갑자기 전교 7등을 하기란 쉽지 않은 일이었다. 더구나 학생 수도 500명이 넘는 학교였기에 우리는 뜻밖의 결과에 깜짝 놀랄 수밖에 없었다.

우리 아이들이 과학고와 영재학교를 거쳐 소위 말하는 명문대에 합격하자 비결이 무엇인지 궁금해하는 사람들이 늘어났다. 그들에게 뭐라고 딱 꼬집어 대답해줄 수는 없었지만 '독서'와 '토론'이 정답이 아니었을까 생각한다.

나는 아이들이 어릴 때부터 함께 책을 읽고 대화를 많이 나눴다. 한국에 돌아와서는 아이들이 함께 놀 친구가 없다며 자주 투정을 부리기에 집에 동네 아이들을 모아놓고 독서와 글쓰기 공부방을 2년가량 운영했다. 우리 아이들 또래 친구들과 일주일에 한 번씩 만나 읽고 온 책으로 글쓰기도 하고 토론도 했다. 나는 되도록 공부방을 재미있게 운영하려고 아이들을 데리고 체험학습도 많이 다녔다. 산과 들로도 나가고 박물관이나 공연장에도 데리고 다니며 아이들이 자유롭게 사고하고 마음껏 탐색하길 바랐다. 삭막한 시멘트 공간을 벗어나 자연에서 신나게 뛰어놀길 바랐다. 그런 자유로움 속에서 아이들의 호기심은 만발했고 창의적인 아이디어가 솟아났다.

공부 잘하는 아이들을 보면 대부분 어려서부터 책과 친했다는 공통점이 있다. 우리 아이들도 마찬가지다. 우리는 바깥 활동을 하지 않을 때는 책과 함께 많이 놀았는데 정자세로 앉아 책을 읽기보다는 책을 장난감처럼 가지고 놀았다. 성 쌓기부터 시작해 의자처럼 쌓아놓고 앉아 손에 잡히는 대로 책을 들여다보며 놀았다. 엄마 아빠가 책벌레이다 보니 아이들도 책을 가까이하며 좋아한 듯하다.

아이가 태어나기 전부터 책을 끼고 살았던 나는 아이가 태어난 뒤에는

자연스레 이런저런 그림책을 보여주며 주절주절 얘기를 많이 나눴다. 아이가 말을 하지 못해도 나 혼자 북 치고 장구 치고 상상을 가미해가며 이야기를 많이 들려주었다. 당시엔 전문적인 육아서도 거의 없었고, 아이의 연령과 뇌 발달에 따른 권장 도서도 아는 바가 없어 무턱대고 읽어줬다. 그렇다고 앉아서 책만 읽어준 것이 아니라 바깥 활동도 자주 했다. 또래를 찾아 이웃으로 놀러 다니기도 하고, 놀이터며 공원에 나가 신나게 공놀이도 하고 달리기도 했다. 버스며 전철을 타고 박물관과 과학관에도 자주 다녔다.

그러던 중 아이들이 다섯 살, 일곱 살 되던 해 남편이 아르헨티나로 발령이 났다. 우리 가족은 그곳에서 함께 4년가량 머물렀는데 낯선 환경에 적응하는 것이 관건이었다. 특히 아이들은 학교에서 영어와 스페인어를 사용했기 때문에 새로 공부해야 할 것들이 많았다.

영어는 그래도 한국에서 원어로 된 만화영화도 자주 보고 동화책도 꽤 읽어준 덕에 그나마 조금 알아듣긴 했지만 말하기나 쓰기는 많이 부족했고, 스페인어는 알파벳부터 새로 시작해야 했기에 처음 1년 정도는 고생을 많이 했다. 그런 이유로 우리는 책상에 둘러앉아 공부에 몰두할 수밖에 없었다. 또 그곳의 학교는 독서를 권장했던 터라 아이들은 일주일에 정해진 분량의 책을 읽어야 했고, 수업도 하나의 주제를 깊이 파고드는 방식이어서 교과와 관련된 책이며 자료들도 많이 읽어야 했다. 나는 나대로 아이들이 한글을 잊지 않도록 틈틈이 한국어 책도 읽혀야 했고 글도 쓰게 해야 했다. 때문에 우리 집은 늘 책과 함께하는 분위기였고, 아이들의 공부 습관도 그때 잡혔던 것 같다.

외국에 살면서 깊이 있게 공부하던 습관은 한국에 돌아와서도 계속됐다.

나는 아이들에게 학교 공부는 교과서를 충실히 읽어보도록 지도했다. 아이들은 교과서를 받자마자 다른 책들처럼 처음부터 끝까지 쭉 한 번 읽어보며 전체적인 흐름을 파악했다. 그런 다음 다시 표지부터 목차, 세부적인 항목들을 자세히 읽어나가며 모르는 것들을 체크했다. 체크한 것은 백과사전이나 다른 책들을 참조해가며 공부했다.

교과서에는 밑줄을 긋지 않게 했는데 줄을 그어놓으면 그 부분만 읽게 되고 다른 부분은 대충 넘기고 말기 때문이다. 밑줄을 그어놓지 않으면 중요한 부분을 찾아내기 위해 주의를 기울여 여러 번 읽게 되고 스스로 질문거리를 만들어가며 능동적으로 책을 읽을 수 있다. 자신이 찾아낸 주요 부분은 밑줄 대신 별표를 하는 방식으로 구분을 지어놓고 노트에 따로 옮겨적는데, 이렇게 하다보면 적으면서 다시 한 번 생각하게 되고 이미 여러 번 생각을 거쳤기에 그 부분은 확실히 머릿속에 각인이 된다. 이런 방식으로 예습을 해두면 수업에 좀 더 적극적으로 참여할 수 있다. 또 선생님이 강조하는 부분과 자신이 체크한 부분이 일치하는지를 알아가는 것도 재미있게 공부할 수 있는 노하우다.

우리가 아이를 키울 때는 요즘과는 상황이 많이 달랐다. 남녀의 역할 구분이 확연해서 대부분의 여자들은 결혼하거나 아이를 갖게 되면 가정에 눌러앉았다. 일을 해야 한다는 부담감 없이 자유롭게 육아에만 전념할 수 있었다. 하지만 요즘 젊은 엄마들은 남녀가 동등하게 일해야 한다는 압박감에 시달리며 육아와 가사까지 도맡아 하고 있다. 시대가 바뀌었다고는 하지만 우리나라 남자들의 사고는 여전히 과거에 머물러 있어 별 도움을 받지 못하는 실정이다. 그러니 엄마들만 삼중고에 시달리며 죽을 지경인 것이다. 더구나 인터넷 시대에 온갖 정보가 홍수를 이루고 있으니 우왕좌왕 길을 잃고 헤맬 수밖에.

요즘 젊은 엄마들은 궁금한 것이 있으면 무조건 인터넷부터 뒤진다. 생각할 시간도 없을뿐더러, 공부만 하라며 모든 것을 대신해준 엄마가 있었기에 스스로 고민하고 선택하는 게 너무 낯설고 어렵기 때문이다. 따다닥 자판만 두드리면 다양한 답변이 즉각 올라온다. 너무 다양해서 선택하기도 어렵다. 제대로 선택할 수 없으니 불안하고 초조하다. 아이도 그냥 자연스레 키워도 될 것을 자로 재듯 따져가며 키우려다 보니 엄마도 힘들고 아이도 힘들다. 그래서 눈 감고 귀 막고 살라 하는 내 소리가 어이없기도 할 것이다. '도대체 뭘 어떻게 하라는 거야' 하며 반문할지도 모르겠다.

결론은, 뭘 어떻게 하라는 게 아니라 그냥 엄마 마음 가는 대로 하라는 얘기다. 내 아이는 엄마인 내가 잘 알지 않겠는가. 내 아이가 뭘 좋아하고, 지금 어떤 상태인지를 왜 남을 통해 확인해야 하는가. 내 아이한테 좋은 내용의 책을 직접 고르면 될 것을, 왜 누가 콕 집어서 책 이름을 대줘야 하는가 말이다. 남의 아이가 그 책을 읽고 효과를 봤다고 우리 아이도 똑같은 효과를 보란 법은 없다. 가정환경이 다르고, 엄마 아빠가 다르고, 먹을거리가 다르고, 유전자가 다른데 어떻게 효과가 같을 수 있겠는가.

내 아이만 보고 가면 된다. 누가 일등을 했든 꼴등을 했든 상관없이 내 아이만 믿고 가다 보면, 어느 날 아이는 자신의 능력껏 잘 자라 있을 것이다.

부모가 안달복달하는데 아이가 어떻게 제대로 자라겠는가. 꽃 한 송이를 키워봐도 그렇지 않은가. 안정된 환경에 적당한 양분, 좋은 음악이 있어야 잘 자란다고 하지 않는가. 저 꽃은 저 꽃이고, 이 꽃은 이 꽃이다. 누군가의 조언이 꼭 내 아이한테도 정답일 수는 없다. 참고 사항일 뿐, 그대로 적용하는 건 어리석은 일이다. 엄마가 내 아이를 보고 판단해 결정해야만 한다.

　뭐든 내 아이한테 맞는 방법대로 적당히 하는 것이 정답이다. 적당히 해야 여백이 있고 아이가 스스로 채워가며 즐길 수 있다. 부모가 왜 아이를 대신해 100퍼센트 다 채워주려고 하는가. 아이는 도대체 무슨 재미로 살라고. 실패하든 성공하든 아이는 스스로 하는 것에서 행복을 느낄 것이다. 실패를 두려워할 필요는 없다. 한 번도 실패하지 않은 인생은 너무 지루하고 재미없지 않을까.

　아이가 글자를 알더라도 꼭 끌어안고 책을 읽어주며 스킨십을 하는 것에서 아이가 행복을 느낀다면, 아이가 고학년이 되어도, 고등학생이 되어도 책을 읽어주는 것이 좋다. 엄마 맘이다. 아이가 잠들 때까지만 읽어줘도 되고, 아이가 잠든 후에도 곁에 누워 엄마 혼자 중얼중얼 책을 읽어도 좋다. 누가 뭐라 하겠는가. 같은 책을 여러 번 읽어도 아이가 좋아하면 계속 읽어주면 되고 아이가 싫다고 하면 안 읽어주면 그만이다. 뭐가 문제인가. 부지런한 엄마라면 연령별로 로드맵을 짜서 읽어주면 되고, 지치고 힘든 엄마라면 한 권이라도 아이와 눈을 맞추며 정성껏 읽어주면 된다.

아이는 엄마의 정이 그리운 것이지 기계적으로 책만 읽어주는 로봇이 필요한 게 아니다. 여자아이, 남자아이 구분할 필요도 없다. 글자를 익히는 것도 너무 조급해할 필요 없다. 부모가 어느 정도 책을 읽어주고 호기심도 있는 아이라면, 때가 되면 자연스레 글자를 터득하게 된다.

뭐든 자연스러운 게 제일이다. 부자연스러우면 불편하고 괴로운 법이다. 공부도 억지로 잘하게 하려고 하면 더 안 된다. 물 흐르듯 자연스럽게 부모부터 책을 읽으면 그 모습을 보고 자녀도 책을 읽으며 지식을 쌓고 공부도 잘하게 된다. "공부! 공부!" 외치기 전에 책을 읽을 수 있도록 환경을 마련해주고 아이의 마음을 편하게 해주는 것이 우선이다.

독서에도
적기가 있을까

화끈하고 확실한 것을 좋아하는 우리나라 사람들에게 '적당히' 하라고 하면 더 어려워한다. 적당히 일하고, 적당히 공부하고, 적당히 놀고, 적당히 잠자라고 하면 불안해한다. 그래도 되나? 그러다 나만 낙오되면 어쩌지 하면서. 책 읽기도 적당히 하려면 적절한 시기에 우리 아이 수준에 맞는 책을 골라 읽히는 것이 정답이다. 그것을 '적기 독서'라고 한다.

요즘 아이를 둔 부모들 사이에서는 생후 6개월부터 입학 전까지 다량의 책을 읽히는 '조기 다독' 열풍이 일고 있다. 인터넷을 보면, 어떤 부모들은 아기가 태어나자마자 수백 권의 전집으로 거실을 도서관처럼 꾸며놓기도 하고, 젖도 안 뗀 아기에게 하루에 수십 권의 책을 읽어주는 엄마들도 심심찮게 등장한다.

이 같은 과잉 조기 독서 붐으로 인해 유아기 아이들이 심각한 부작용을 겪고 있다고 한다. 한 통계에 따르면 우리나라 초등학생 38명 중 1명이 자폐라는 통계도 있다. 소아정신과 의사들은 우리나라 자폐아의 경우 상당 수가 '초독서증'에 기인한 유사자폐라고 진단한다. '초독서증'이란 뇌가 아직 성숙하지 않은 아이에게 무조건적으로 텍스트를 주입해, 의미는 전혀 모르면서 기계적으로 문자를 암기하는 유아 정신 질환을 말한다. 부모와 친구들을 포함한 많은 사람들과 함께 어울리면서 사회성을 배워야 할 유아들이 너무 빨리 문자에 눈을 뜨면서 다른 사람들과의 소통을 거부하고 자신만의 세계에 틀어박히는 자폐 성향이 생기는 것이다. 이런 유사자폐증은 심한 경우 뇌 손상을 비롯한 각종 신체 이상까지 초래한다. 초독서증의 증상은 언어능력 상실, 사회성 결여, 난폭 행동, 사물에 대한 과도한 집착 등으로 나타난다.

이런 기사를 접할 때면 마음이 답답해진다. 대체 우리나라 부모들의 머릿속에는 뭐가 들어 있는 것일까. 아이를 얼마나 잡아야 그 지독한 집착과 욕심이 끝나는 것일까.

독서든 다른 어떤 것이든 아이한테 억지로 시켜서는 안 된다. 뭐든 재미있고 아이 수준에 맞아야 빠져들게 되고 효과도 있는 것이다. 우리 때는 별다른 정보가 없어서 엄마들 마음대로 읽히긴 했지만, 독서 광풍이 불기 전이어서 그런지 지금처럼 과도하게 책을 읽히진 않았다. 책을 고를 때도 내 아이한테 맞는 것을 찾아 읽혔을 뿐, 입시 서류에 적기 위해 억지로 수준 높은 책을 읽히진 않았다.

나는 직접 서점이든 도서관이든 헌책방이든 들러서 책장을 넘겨보며 내용이 좋거나 우리 아이들이 흥미를 느낄 만한 것들을 찾아다가 아이들 눈에 띄는 곳에 놓아두곤 했다. 저자와 출판사도 살펴보고, 오자와 띄어쓰기도 보고, 아이들의 지적 호기심과 상상력을 키워줄 내용인지도 살폈다. 초등 3, 4학년 무렵 아이들 혼자서 책 읽는 습관이 든 다음부터는 문학이나 과학 전집을 사주고 마음껏 읽게 했다. 다양한 책을 접하게 해주었음에도 우리 아이들은 과학 분야의 책을 특히 좋아해서 그쪽 분야의 전집을 몇 질 더 사 줬고, 초등학생을 대상으로 한 과학 월간 잡지도 구독해 과학적인 호기심을 계속 유지하게 해줬다. 그 덕분에 아이들은 그 분야의 공부를 깊고 넓게 할 수 있었고, 그것이 진로에까지 영향을 미쳐 과학고와 영재학교를 거쳐 대학도 이과 계통으로 가게 됐다.

독서에도 적기가 있다. 여기서 말하는 적기란 아이의 수준에 맞아야 한다는 말이다. 아이가 나이가 어려도 지적 수준이 높고 책의 내용을 이해할 수만 있다면 조금 높은 단계의 책을 읽히는 것이 호기심을 지속적으로 유지하는 데 도움이 된다. 머리가 좋은 아이들은 지적호기심이 강해서 항상 자기 나이보다 더 높은 단계의 책이나 공부를 원한다. 그런 아이들이 계속 낮은 단계에 머물러 있으면 흥미를 잃어버리고 다른 재미있는 것에 빠져들게 된다. 반대로 아이가 학년이 아무리 높다 해도 책 읽는 수준이 낮거나, 내용을 이해하지 못하거나, 흥미를 전혀 느끼지 못한다면 수준을 아예 많이 낮춰 책을 읽혀야 그나마 아이가 책에 흥미를 보이게 된다. 그게 바로 그 아이의 독서 적기인 것이다.

권장 도서 목록에 무조건 의지해선 안 된다고 말하는 이유도, 아이들 독서 수준이 천차만별이기 때문이다. 부모의 강요에 떠밀려 자기 수준에 맞지도 않는 책을 억지로 읽는 아이는 내용이 잘 이해되지 않기 때문에 계속 의문을 갖게 되고 부모한테 질문을 하게 된다. 질문도 한두 번이지 따라다니

222

며 계속 물어보면 결국 부모도 지치게 되어 있다. 귀찮아 죽겠네, 정말! 네 나이가 몇인데 그것도 모르니! 그 말 한마디에 아이는 책에 대한 흥미가 싹 사라지고 만다. 부모가 무서워 책을 잡고 있기는 해도 거짓으로 읽는 척만 할 뿐 아무 효과도 없이 시간만 허비하는 것이다.

예전엔 책 속에 들어 있는 다양한 삶의 지혜와 온갖 지식이 우리 삶을 풍요롭게 해줄 거라는 생각으로 책을 많이 읽었다. 하지만 요즘 부모들은 독서에 그런 의미를 두기보다는 오로지 대학 입시에서 남보다 유리한 고지를 선점하기 위한 방편으로 아이들에게 책을 읽히는 것 같다. 책은 무작정 많이 읽어서 좋은 것이 아니라 의미 있게 읽을 때 가치 있는 것이다. 책을 한 줄 한 줄 음미해가며 읽으면서 저자의 생각과 내 생각의 같은 점과 다른 점은 무엇이고, 취해야 할 것과 버려야 할 것은 무엇인지 파악해 내 가치관과 행동에 변화를 줄 수 있어야 한다.

아이들도 마찬가지다. 한 권이라도 책의 내용을 음미하며 제대로 읽어야 독서 효과가 있다. 아이가 어느 정도 자라서 혼자 책을 골라 읽을 나이가 되면 아이를 자유롭게 내버려둬야 한다. 그래야 맘껏 상상의 나래를 펼치며 책을 읽을 수 있다. 다 읽은 후에도 충분히 여운을 즐길 수 있도록 기다려주는 여유가 필요하다. 아이가 책을 읽자마자 기다렸다는 듯 느낌은 어땠는지, 줄거리는 무엇인지 다그쳐 물어보면, 아이에게 책은 감동을 주기는커녕 지겨운 숙젯거리가 되고 만다. 어른도 숙제하듯 느낌과 줄거리를 검사받아야 한다면 아무도 책을 읽으려 하지 않을 것이다.

사실 책을 읽자마자 줄거리를 말한다는 것은 어른도 하기 어려운 일이다. 시간을 두고 머릿속으로 재구성하며 정리하고 나서야 말로 설명할 수 있으니 말이다. 독후감 쓰기와 같은 독후 활동도 아이가 하기 싫어한다면 억지로 시킬 일이 아니다. 습관을 잡아주기 위해 억지로라도 시키고 싶다면 아이가 흥미롭게 할 수 있도록 다양한 방법을 찾아보는 것이 우선이다.

독서도 너무 과하면 좋지 않다고 한다. 어느 유명한 교육 전문가는 독서가 좋다고 다른 분야는 다 무시한 채 책만 읽히다 보면 언어능력은 좋아질지 모르지만 암기능력이 떨어질 수 있다고 경고한다. 책을 많이 읽은 아이들은 외우는 것을 싫어하는 경향이 있어 단순한 암기 문제에서 자주 실수하게 되고, 생각을 너무 오래 하기 때문에 시간이 부족해 문제를 제대로 풀지 못한다. 단순하고 반복적인 연산을 싫어하기 때문에 쉬운 계산 문제도 어이없이 틀리는 경우가 많다. 그러니 좋은 성적을 얻기 위해서는 독서를 '적당히' 시키란다. 그의 말이 맞을지도 모르겠지만, 참 아이러니하다는 생각이 든다. 책을 많이 읽고 생각을 깊이 하면 좋은 대학에 갈 수 없다니? 하지만 우리나라의 교육 방식이 아직도 암기 위주이고 단순한 계산식 문제가 많다는데 어찌할 것인가. 따라갈 수밖에.

뭐든 화끈하고 확실한 것을 좋아하는 우리나라 사람들에게 '적당히' 하라고 하면 더 어려워한다. 적당히 일하고, 적당히 공부하고, 적당히 놀고, 적당히 잠자라고 하면 불안해한다. 그래도 되나? 그러다 나만 낙오되면 어쩌지? 하면서… 책 읽기도 적당히 하려면, 적절한 시기에 우리 아이 수준에 맞는 책을 골라 읽히는 것이 정답이다. 그것을 '적기 독서'라고 한다. '적당한' 책 읽기를 위해서는 아이의 독서 흥미 발달 단계에 따른 올바른 독서법부터 아는 것이 필요하다.

전문가들에 따르면 태어나서부터 3세까지의 영유아 시기는 신경세포 회로가 가장 활발히 발달하기 때문에 온몸으로 정서적인 교감을 하는 오감 학습법을 통해 두뇌를 골고루 자극하는 것이 좋다고 말한다. 이 시기에 과도한 독서나 언어 교육 등에 편중된 과잉 교육을 시키면 고른 뇌 발달을 저해하고 이것이 나중에 정서 장애로 이어질 수도 있기 때문이다. 이 시기는 독서 교육의 전 단계로, 아이가 스스로 흥미를 느껴 그림책을 보는 것은 좋지만 장시간 보거나 책에 집착하는 것은 피하도록 지도해야 한다. TV나 교육용 영상도 되도록 보여주지 않는 게 좋다. 영상 매체는 생각할 여유를 주지 않고 쉴 새 없이 시각, 청각만 자극하므로 장시간 시청하면 두뇌의 고른 발달을 해친다. 라디오 청취도 마찬가지다. 꽃을 예로 들면 그림이나 영상으로 보여주기보다는 직접 만지고 향기도 맡을 수 있게 하는 것이 좋다.

4~5세 때는 어른이 읽어주는 그림책을 감상하며 책에 관심을 갖기 시작하는 시기이다. 하지만 여전히 책이나 영상을 통한 학습보다는 사람과의 관계를 통해 인성을 기르는 것이 중요하다. 책을 읽어주면서 책과 친숙해지는 훈련을 시작하되 장시간 지속하는 것은 피한다. 이 시기에 좋은 책으로는 단어나 구, 문장이 반복되어 운율이 느껴지는 것이 좋다. 수를 셀 줄 알고 글자를 이해하기 시작하므로 그림과 글자가 명확해야 하고, 자아 개념이 발달하는 시기여서 능력, 자존감, 가치 등을 주제로 하는 그림책이 좋다.

6~7세는 단순하고 반복적인 구성의 그림책을 스스로 읽으며 자신감을 갖는 시기다. 운율을 느낄 수 있는 짧은 동시나 동요를 읽어주고 말로 따라

하게 하면 리듬감과 어휘력을 높일 수 있다. 아이가 책을 읽을 수 있더라도 부모가 낭독해주면 아이의 듣기 능력이 향상된다. 학교에 가면 듣기 능력이 매우 중요해진다. 듣기를 잘해야 공부를 제대로 할 수 있기 때문이다. 따라서 책을 한 번만 읽어주고 말 것이 아니라 줄거리를 반복해 들려주고, 몇 가지 간단한 질문을 던져서 아이가 책의 내용을 제대로 이해했는지 확인하는 것이 좋다.

초등 1~2학년 때는 읽기의 유창성을 기르는 시기이므로 재미있는 단편 동화나 환상과 꿈을 키울 수 있는 판타지 동화가 유익하다. 이 시기에는 어휘력이 확장되고 다양한 책 읽기가 가능해진다. 하지만 아직 추상어에 대한 이해가 부족하기 때문에 부모가 책을 읽어주며 어휘를 설명해주는 것이 필요하다. 그렇다고 사전적인 의미로만 딱딱하게 설명해주지 말고 아이가 알아듣기 쉽게 경험담을 섞어가며 재미있게 얘기해주면 아이는 책에 흥미를 느끼게 되고 혼자서도 책 읽기에 빠져든다. 권선징악이 뚜렷한 옛이야기나 동물 우화 등을 읽어주면 자연스럽게 인성 교육도 시킬 수 있다.

초등 3~4학년이 되면 아이는 역사와 위인들의 삶에 관심을 갖기 시작한다. 신화와 전설이 담긴 책이나 모험의 세계, 또래의 우정을 그린 책을 좋아한다. 풍속사나 생활사 중심의 역사 관련 책을 접하게 해서 본격적으로 역사책을 읽기 위한 준비를 해야 하는 시기이기도 하다. 지식 관련 책들도 다양하게 읽혀서 배경지식을 넓혀주는 것이 필요하다. 책을 읽고 난 후에는 질문을 만들어 간단히 토론도 하고, 연계된 글쓰기도 해보는 등 자신의 생각을 표현하는 법을 익히도록 한다. 이 시기의 아이들은 차츰 자기 생각을 갖게 되어 부모와 갈등을 겪기도 한다. 부모의 지도 방식에 따라 아이가 책과 친해지기도 하고 멀어지기도 하기 때문에 아이에게 관심을 갖고 독서 지도를 해야 한다. 가족과 함께 일주일에 한 번씩 독서 신문을 만들어보거나 노트 한 권을 마련해 릴레이로 장편 동화를 써보는 활동은 가족 간의 협동심을 기를 수 있을 뿐 아니라 화목한 분위기를 만드는 데도 도움이 된다.

초등 5~6학년은 감정이 성숙해지고 지식과 논리력이 확장되는 시기로, 이때부터 목표가 있는 책 읽기가 시작된다. 학습에 도움이 되거나 진로 선택에 도움이 되어야 독서 동기가 유발된다. 꾸준히 읽으려면 재미도 있어야 하기에 아이의 관심 분야를 관찰해서 그쪽 분야의 책을 집중적으로 읽히는 것도 독서 습관을 기르는 좋은 방법이다. 관심이 없는 분야도 수준을 낮춰 부담 없이 읽을 수 있도록 책 선정에 신경을 써준다. 이 시기의 아이들은 역사소설과 우정을 다룬 장편소설을 즐겨 읽고, 지적 만족을 위한 지식이나 정보가 담긴 책도 탐독한다. 공상과학소설이나 모험과 탐정 이야기, 추리소설 등 논리력과 상상력을 자극하는 책에도 관심이 많다.

또 사춘기가 시작되는 시기이므로 아이들은 부모보다 친구 간의 우정과 의리를 더 중시하고, 책을 좋아하는 아이와 책을 안 읽으려는 아이로 현격하게 구분되는 특징도 있다. 독서 속도나 독해력에서 개인차가 많이 나는 시기여서 아이의 성향을 잘 파악해 그에 맞는 독서를 하도록 지도해야 한다. 아무리 시간이 없다 해도 문학서의 요약본은 읽히지 않는 게 좋다. 문학서는 한 줄 한 줄 음미해가며 읽을 때 감동을 느끼고 상상의 힘을 발휘할 수 있기 때문이다.

　뭐든 과하면 독이 된다. 한쪽으로만 너무 몰아가다 보면 다른 한쪽은 잃고 만다. 그래서 균형 감각이 필요하다. 지능이 폭발적으로 발달하는 초등 저학년까지는 다양한 자극으로 두뇌를 고루 성장시켜주는 것이 중요하다. 악기나 미술, 무용, 운동, 단체 활동, 놀이 등을 최대한 많이 접해야 할 시기라는 의미다. 꽃이나 곤충을 세밀하게 관찰해 그려본다든지, 블록이나 퍼즐 놀이를 한다든지, 규칙적인 수학 연산 문제를 풀게 하면 아이가 차분해지고 집중력과 끈기를 기를 수 있다. 아이가 태어나자마자 온갖 전집으로 집 안을 도배해놓고 너를 사랑해서 그런 것이라고 말하지 말자. 아이는 부모의 사랑을 느끼기도 전에 책 냄새에 숨 막혀 시들어버리고 말 것이다.

책,
어떻게 읽혀야 하나

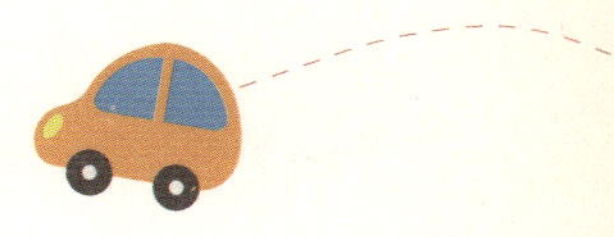

아이에게 책 읽기를 밥 먹는 것처럼 일상적인 일로 만들어주려면 가족이 함께 하루 30분씩이라도 시간을 내서 규칙적으로 책을 읽는 것이 중요하다. 책도 다양한 방법으로 읽는 것이 좋다. 서로 번갈아가며 낭독해주고 낭독한 후에는 주인공이 겪은 일과 비슷한 경험을 해봤는지 이야기도 나누고, 각자 책에서 질문거리를 뽑아 퀴즈도 내고 토론도 해보는 등 아이가 책이 흥미로운 것임을 알게 해주는 노력이 필요하다.

내가 운영하는 공부방에 오는 아이들 중에 청개구리처럼 말을 안 듣는 아이가 있었다. 초등 3학년인데도 책 읽는 수준이 또래 아이들보다 많이 뒤처져 있는 아이였다. 번번이 책도 읽어 오지 않는데다, 수업에도 제대로 참여하지 않고 이리저리 돌아다니며 말썽만 피웠다. 그 아이의 부모는 맞벌이를 하고 있어 할머니가 돌봐주고 계셨는데 숙제까지 봐주기는 어려워 방치되다시피 한 아이였다.

나를 믿고 보낸 아이를 그만두게 할 수도 없는 노릇이어서, 나는 한동안 고민 끝에 개인 지도를 해보기로 결심했다. 아이를 수업이 없는 시간에 따로 오게 해서 일대일로 마주 앉아 가르치기 시작한 것이다. 책 읽기를 무척 싫어하는 아이라 무작정 읽으라고 하기보다는 재미있는 방법으로 책과 친해지도록 유도했다. 줄거리가 뚜렷하고 간단한 전래동화를 골라 한 줄씩 번 갈아 읽어보자고 했다. 싫다고 거부하기에 내가 먼저 읽어주기 시작했다. 아이가 자리에서 일어나 산만하게 오가며 장난을 쳤지만 나는 아랑곳하지 않고 계속 낭독했다. 아이가 안 듣는 척해도 다 듣고 있다는 것을 알기에 구연동화 방식으로 더욱 실감나고 재미나게 읽어줬다. 책을 다 읽자 아이가 내 곁으로 다가와 앉았다.

다음으로는 게임을 하자고 했다. 책에 나오는 단어를 누가 더 많이 말하는지를 겨루는 게임이었다. 아이는 불공평하다며 다시 한 번 책을 읽자고 제안했다. 이번엔 아이한테 읽어보라고 말했다. 아이가 소리 내어 읽기 시작했다. 내가 한 것처럼 제법 흉내를 내가며 재미있게 읽었다. 나는 아이에게 책을 굉장히 재미있게 잘 읽는다며 칭찬을 듬뿍 해주었다. 아이의 표정이 밝아졌다. 그때부터 아이는 게임에도 적극적으로 달려들었다. 아이와 나는 책에 나오는 단어들을 기억해가며 노트에 적어나갔다. 나는 일부러 기억나지 않는 듯 머뭇거리며 아이가 앞서 가게 했다. 아이가 두 개 차이로 이겼다. 나는 열심히 잘했다고 칭찬해주고 공부방에서 사용하던 스티커 한 장을 상으로 주었다. 같은 방법으로 그날 책을 두 권 더 읽을 수 있었다.

다음번에는 조금 더 긴 책을 골랐다. 처음엔 내가 골랐고, 두번째 책은 아이가 고르게 했다. 아이는 책을 신중하게 고르더니 한 권을 들고 왔다. 지금까지 읽은 책 중에서 분량이 제일 긴 책이었다. 재미있게 책을 읽어주니 아이가 눈을 반짝이며 책에 빠져드는 것이 보였다. 한참을 더 읽어주다가 책을 덮어버렸다. 목이 아파서 더 이상 못 읽겠다고 핑계를 대며 나머지는 집에 가서 읽어보게 했다. 아이는 실망한 눈치가 역력했지만 목이 아프다며

230

캑캑거리는 나를 위해 물을 한 잔 가져다주었다. 천방지축 말썽만 부리던 아이가 남을 배려할 줄도 알게 된 것에 무척 감동을 받았다.

알고 보니 아이는 원래부터 청개구리가 아니라 누군가에게 관심을 받기 위해 그런 행동을 한 것이다. 내가 칭찬해주고 믿어주자 점차 예의 바른 아이로 변했고, 낭독을 주의 깊게 들으면서 듣기 능력과 집중력, 상상력이 풍부해졌다. 읽기 능력의 핵심인 어휘력도 단어 놀이를 통해 많이 향상되어 얼마 안 가 스스로 즐겁게 책을 읽는 아이가 되었다.

부모들은 아이가 책 읽기를 싫어한다고 많이 걱정한다. 초등 저학년까지는 그나마 부모의 잔소리 때문에 책을 읽던 아이들도 3, 4학년이 되면 책에서 멀어진다. 그 이유는 다양하다. 첫번째 이유로는 여기저기 학원을 너무 많이 다녀 차분히 앉아 책을 읽을 시간이 없기 때문이다. 부모가 억지로 책을 손에 들려주면 읽는 흉내만 낼 뿐 주도적인 독서는 하지 못한다.

두번째 이유는 너나없이 들고 다니는 스마트폰 때문이다. 아이가 학원에 다니기 시작하면 부모들은 스마트폰을 사준다. 아이와 연락이 안 되면 불안하기도 하고 다니기 싫어하는 학원에 보내려면 미끼가 필요하기도 해서 선뜻 사주는 것이다. 아이한테 좋지 않은 줄 알면서도 대세가 그러니 어쩔 수 없다며 지레 포기해버린다.

아이 입장에서 생각해보면 책보다 열 배 백 배 더 재미있는 것이 손안에 있는데 누군들 책을 읽고 싶겠는가. 어른들도 다들 중독이 된 마당에 하물며

232

애들이야 말해 뭐할까. 나는 아이들에게 되도록 휴대전화를 사주지 않으려고 시간을 끌고 끌다가 아이들이 중3이 되어서야 겨우 사줬다. 그것도 가장 저렴하고 기능이 적은 것으로. 아이들이 어릴 때부터 워낙 "절약! 절약!" 노래하며 키웠기에, 아이들은 그것이나마 감지덕지하며 소중하게 사용했다.

이래저래 책 읽기 어려운 세상이다. 하지만 공부도 어차피 '읽기'가 제대로 되어야 잘할 수 있기에 공부의 기본인 독서를 포기할 수는 없다. 책 읽는 분위기가 잘 형성된 집이라면 아이도 따라가겠지만 사정상 부모가 책을 가까이할 수 없다면 적어도 교과서만이라도 제대로 읽도록 지도하는 것이 필요하다.

저학년이라면 과목별로 교과서를 소리 내어 읽게 하고 내용을 잘 파악하고 있는지 질문해보는 것부터 시작하자. 아이가 답변을 제대로 못한다면 다시 읽도록 해야 하는데 그것만으로도 읽기와 말하기 능력이 좋아질 수 있다. 어려운 단어나 주요 문장을 노트에 옮겨 써보게 하면 더 좋겠지만 억지로 시킬 일은 아니다. 글쓰기는 대부분의 학교에서 독서기록장이나 일기를 숙제로 내주기 때문에 과제만 정성껏 해가는 것만으로도 충분하다. 고학년도 과목별로 교과서를 충실히 읽어보게 하고, 주요 내용은 따로 노트를 만들어 옮겨 써보는 습관을 들여주는 것이 좋다.

제대로 된 독서는 아이의 지적 발달에 도움을 주고 공부와도 연계된다. 초등학교 때 읽은 독서량이 평생 독서량의 3분의 2 이상을 차지한다는 통계도 나와 있다. 중학교 이후부터는 공부 때문에 실질적으로 책을 읽을 시간이 거의 없기 때문에 초등학교 시기에 시간이 허락하는 대로 책을 읽는 습관을 들여줘야 한다.

아이에게 책 읽기를 밥 먹는 것처럼 일상적인 일로 만들어주기 위해서는 가족이 함께 하루 30분씩이라도 시간을 내서 규칙적으로 책을 읽는 것이 중요하다. 책도 다양한 방법으로 읽는 것이 좋다. 서로 번갈아 가며 낭독해 주고 낭독한 후에는 주인공이 겪은 일과 비슷한 경험을 해봤는지 이야기도 나누고, 각자 책에서 질문거리를 뽑아 퀴즈도 내고 토론도 해보는 등 다양한 방식을 고안해서 아이가 책이 흥미로운 것임을 알게 해주는 노력이 필요하다.

어느 인류학자가 미국 엄마들이 잠자기 전에 머리맡에서 아이에게 책을 읽어주는 방법에 관한 연구 논문을 발표했다. 연구 논문에 따르면, 아이에게 같은 책을 읽어주더라도 부모의 성향에 따라 읽어주는 방법이 전혀 달랐으며, 이처럼 다른 책 읽기 방법은 아이의 학업 성취와 직결되었다. 높은 학업 성취도를 보인 아이들의 부모를 살펴보니 한 가지 공통점이 있었다. 부모가 아이에게 어떤 지식을 전해줘서가 아니라 한 권의 책을 읽고 아이와 대화를 이끌어가는 방식이 다르기 때문이었다. 이 연구가 우리 부모들한테 주는 메시지는 책 읽기는 '양'이 아니라 '질'이라는 것이다. 아이에게 책을 무조건 많이 읽어주거나 읽게 하는 것은 기계적으로 '양'을 채우고자 하는 부모의 욕심일 뿐이다. 단 한 권의 책을 읽더라도 아이와 즐겁게 소통하는 것이야말로 아이 성장의 '질'을 높이는 지혜로운 책 읽기 방식이라 할 수 있다.

책은 다섯 번 이상 읽어야 온전한 내 것이 된다고 한다. 그렇다고 아이한

테 무작정 다섯 번을 읽으라고 하면 아이는 책을 팽개치고 도망쳐버릴 것이다. 책을 내 것으로 만들기 위해 필요한 것이 바로 다양한 독후 활동이다. 낭독하는 것을 들어보고, 줄거리를 요약해 말로 표현해보고, 내용으로 질문거리도 만들어보고, 서로 질문을 던지며 토론도 해보고, 독서기록장도 적어보고, 책의 뒷이야기도 상상해서 써보는 등 책 한 권을 다양하게 요리해서 내 것으로 소화할 때 비로소 그 책 속의 지혜가 내 것이 될 수 있다.

아이가 책을 보다 능동적으로 읽게 하려면 그 책과 연계된 체험 활동을 제안하는 것이 효과적이다. 책에서 본 유적지를 방문하거나, 화가에 관한 책을 읽은 후 전시회에도 가보고, 과학 서적을 읽었다면 과학관을 관람하는 것도 좋겠다. 개펄이나 꽃 박람회에도 직접 가보는 등 아이의 오감을 일깨우는 산 교육을 시켜줌으로써 책 읽기가 즐겁고 유익한 것임을 깨닫게 해줘야 한다.

초등학생이라면 교과와 연계된 책들을 찾아 읽거나 주제별로 책을 읽는 것도 좋은 방법이다. 역사, 사회, 경제, 문화, 환경, 절기, 성교육, 수학, 과학 등에 관한 책들을 심도 있게 읽은 다음 그와 관련된 영상을 구해 보거나, 퍼즐 놀이를 하거나, 그림과 만들기를 해보면서 아이의 통합적 사고력을 향상시킬 수 있다.

아직 어린 아이들은 책을 읽을 때 줄거리를 잘 기억하지 못한다. 그럴 때는 훈련으로 바로잡아줘야 한다. 이 경우 줄거리가 뚜렷한 책을 읽어주고 서로 얘기해보는 것이 좋다. 아이가 잘하지 못할 때는 언제, 어디서, 누가, 무엇을, 어떻게, 왜 등으로 구체적인 질문을 해가며 대답을 유도한다. 아이가 혼자 책을 읽을 때는 소리 내어 읽게 하는 것이 좋은데, 문자를 정확히 판

독해 몰입도를 높여주기 때문이다.

부모가 책을 읽어줄 때는 끝까지 한 번에 읽어주지 말고 중간쯤에서 중단하고 아이와 함께 뒷이야기를 상상해보는 것도 유용한 방법이다. 아이는 뒷이야기가 궁금해서라도 혼자서 책을 읽게 된다. 책을 읽은 뒤에는 아이와 함께 이야기의 결말을 바꿔보거나 주인공에게 편지를 써보는 등 여러 가지 활동을 병행해보자.

실제로 우리 아이들도 책의 뒷이야기를 상상해서 동화를 쓰거나 만화를 그리곤 했다. 덕분에 둘째 아이는 만화를 잘 그리게 되었고, 만화가를 꿈꾸며 자신이 만든 만화책을 친구들에게 돌려 읽히기도 했다. 친구들이 만화책을 재미있게 읽어주니 아이는 더욱 신이 나서 만화를 그렸고, 그렇게 노트 몇 권 분량의 만화책이 탄생했다.

아이 한 명을 키우려면 온 마을이 필요하다는 말이 있다. 육아는 엄마나 아빠만의 문제가 아니라 아이를 둘러싼 모든 이들이 다 같이 책임져야 한다는 말이다. 내 아이, 남의 아이를 떠나 모든 아이들이 행복할 수 있도록 절박한 마음으로 아이들을 양육해야 한다. 부모는 아이가 있기에 부모가 되는 것이다. 힘들다고, 귀찮다고 아이를 밀쳐내지 말고, 감사한 마음으로 아이가 내미는 책을 정성껏 읽어주자. 사랑한다는 말과 함께.

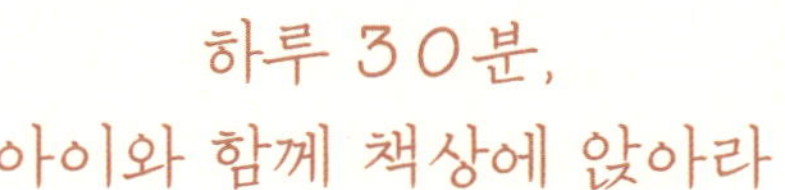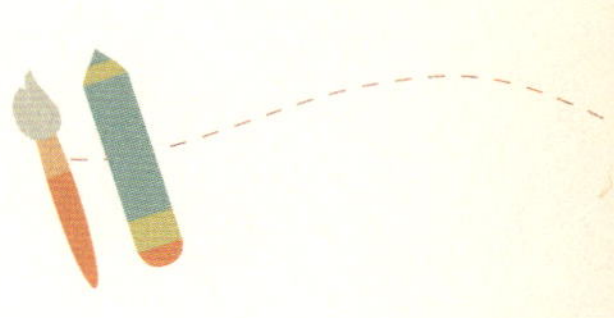

하루 30분,
아이와 함께 책상에 앉아라

부모는 아이들에게 좋은 습관을 물려줘야 한다. 책 읽기와 글쓰기, 논리
적으로 의견 말하기, 다른 사람의 말 경청하기, 계획하고 메모하기 등의
습관은 아이들이 혼자서 습득하기 어려운 것들이다. 똑똑한 아이, 스스
로 공부하는 야무진 아이로 키우고 싶다면, 부모가 먼저 시간을 내서 아
이와 함께 날마다 책상에 앉는 습관을 들여보자. 부모가 물려줄 수 있는
최고의 유산은 물질이 아니라 좋은 습관이다.

과학 문명이 발달할수록 생각하는 힘은 부족해진다. 인터넷만 켜면 답을
볼 수 있으니 갈수록 생각할 일도, 기억할 일도 줄어들 수밖에 없다. 생각하
는 힘은 자꾸만 퇴화하고 다른 사람들의 생각만 훔쳐보고 따라 하게 되는
형국이다. 학교에서 숙제를 내주면 아이들은 너나없이 인터넷에 접속해 남
이 선별해놓은 정보만 클릭해서 따올 뿐 스스로 시간을 들여 책을 읽거나
사물을 연구해서 자기만의 독창적인 방식으로 풀어낼 생각은 하지 못한다.
그러니 논술이나 다른 서술형 시험 답안지도 어디서 읽은 듯한 천편일률적
인 것들만 써낼 수밖에.

부모들도 다르지 않다. '독서', '토론', '논술' 같은 용어만 나오면 지레 겁
먹고 전문가를 찾거나 학원을 알아본다. 토론이나 논술이 무슨 거창한 것이

라도 되는 양 오해하는 것이다. 그 이유는 부모 세대가 그런 교육을 전혀 받아본 적이 없기 때문이다. 정답만 달달 외워서 시험을 치른 세대여서 자기 의견을 말로 표현하는 법도 서툴고 글로 써낸다는 것은 더 낯설고 두렵기까지 하다. 하지만 부모들이 조금만 노력을 기울이면 집에서도 얼마든지 아이들과 함께 독서와 토론, 글쓰기를 하며 생각하는 힘도 길러줄 수 있다.

아이 스스로 생각하는 힘을 길러주려면 먼저 생각하는 법을 알려줘야 한다. 생각하는 법을 알려주기에 가장 좋은 방법은 '토론'이다. 토론이라고 해서 너무 막연하다고 고민할 것 없다. 아이와 이슈를 정해놓고 주거니 받거니 이야기를 나누는 것이 토론이고, 이렇게 토론을 하다 보면 생각하는 힘이나 자기 논리는 저절로 길러진다. 이를 위해 가장 먼저 할 일은 부모가 시간을 내는 것이다. 일하느라 바쁜 부모라도 일주일에 한두 번 요일을 정해놓고, 아이들과 함께 밥상머리 대화도 나누고 책을 읽으며 토론할 수 있는 분위기를 만드는 것이 중요하다. 남이 내놓은 의견을 반박하거나 수용하는 과정을 통해 아이는 자신의 생각을 다듬어 보다 깊고 성숙한 사고로 발전시킬 수 있다.

요즘은 자기표현의 시대라고들 한다. 단답식으로 몇 가지 답안만 외워서 말하는 것은 이제 통하지 않는다. 자기 나름의 생각을 조리 있게 말하고 글로 표현할 수 있는 능력이 필요하다. 그런데 말과 글쓰기는 벼락치기로 되는 것이 아니다. 어려서부터 훈련을 반복해 습관처럼 굳어지게 해야 한다.

토론을 하기 위해선 책이나 신문, 인터넷 등을 통해 정해놓은 이슈에 맞는 자료를 찾는 것이 우선이다. 다음으로는 찾은 자료들을 분류하고 선별하고 통합해 가장 적합한 이미지를 만들어내고, 거기에 자기 생각을 덧붙여 토론에 활용할 수 있어야 한다.

토론이란 대화의 연장선이다. 가족들이 함께 모여 앉아 책이나 신문, TV 뉴스의 민감한 이슈에 대해 의견을 주고받으면 된다. 누가 이기고 지는 문제가 아니라 설득력 있는 근거를 가지고 자기 의견을 말하고 상대방 의견에 적절한 이유를 들어가며 반박하면 되는 것이다.

가정에서 토론을 더 재미있게 하는 방법으로는 찬성과 반대 입장으로 팀을 나누는 방법도 있다. 그러려면 이슈를 정한 후 상대방을 설득하기 위한 '이유'나 '근거'를 정리할 시간이 필요하다. 팀원끼리 머리를 맞대고 그 이슈에 대해 서로의 생각을 조율하고, 필요하다면 자료를 찾아가며 노트에 정리해본다. 그런 다음 준비해놓은 합당한 '이유'나 '근거'를 기반으로 상대편에게 자신들의 의견을 피력한다. 상대방은 반대편 말을 경청하며 반박할 사항들을 노트에 메모한다. 그런 뒤에는 자신들이 분석해놓은 자료들을 가지고 반론을 펼치면 된다. 몇 번의 반박을 거쳐 어느 정도 논점이 정리됐다면 마지막으로 토론 진행자가 나서서 결론을 이끌어내면 된다.

공부방 아이들과 했던 토론의 예를 한 가지 들어보려 한다. 토론의 이슈는 '통일'이었다. 우리는 토론에 앞서 찬성과 반대로 팀을 나눴다. 잠시 시간을 주고 팀끼리 어떤 근거로 의견을 말할지 얘기를 나누고 메모하게 한 뒤, 손을 들고 발언권을 얻어 말하게 했다.

"저는 통일에 찬성합니다. 통일이 되면 우리나라 영토가 넓어지고 자원이 풍부해져서 지금보다 강대국이 될 것이기 때문입니다."

다음엔 반대쪽에서 발언권을 얻어 반박을 시작한다.

"저는 그렇게 생각하지 않습니다. 통일이 되면 북한의 경제를 살리기 위해 돈을 쏟아부어야 하기 때문에 남한 경제까지 위태로워질 수 있습니다. 그래서 저는 통일에 반대합니다."

상대방 의견에 반박하기 위해서는 먼저 상대방 의견을 경청하며 반박할 내용을 메모해야 한다. 그런 다음 자기 생각을 말한다.

"저는 남한 경제가 위태로워질 수 있다는 의견에 반대합니다. 처음엔 힘들 수도 있겠지만 북한의 풍부한 자원을 개발해 수출을 많이 하면 곧 좋아질 수 있기 때문입니다."

"곧 좋아질 거라고 하지만 얼마나 시간이 걸릴지는 아무도 모릅니다. 통일이 되면 북한 사람들이 다 살기 좋은 우리나라로 내려와서 일자리만 부족해질 것입니다. 그러니 통일보다는 그냥 북한을 그대로 두고 좀 더 도와주는 것이 좋다고 생각합니다."

어느 정도 토론이 활발히 이뤄지려면 아이들이 초등학교 고학년 이상은 되어야 한다. 그보다 더 어린 아이들에게는 주어진 문제에 대해 찬성인지 반대인지 정도만 물어보고 그 이유가 무엇인지 간단히 대답하도록 유도하는 것이 좋다. 아이가 엉뚱한 이유를 대더라도 그 생각을 고쳐주려고 애쓸 필요는 없다. 질문을 계속 던지면서 아이의 생각을 끌어내는 것이 중요하다. 토론을 통해 아이들은 여러 사람의 의견을 참조해 스스로 자신의 생각을 다듬어갈 수 있기 때문이다. 아이의 생각은 그 자체로 인정해주고 멋진 생각이라고 한껏 칭찬해주면 되는 것이다.

독서와 토론, 글쓰기의 기본 자질은 아이가 어렸을 때부터 다양한 활동을 통해 길러줘야 한다. 취학 전 아이의 경우, 신문에서 같은 글자 찾기, 여러 가지 모양으로 찢거나 오려 붙이기, 세계지도를 펼쳐놓고 나라 이름 찾아 표시하기 등을 통해 어휘력과 집중력을 향상시킬 수 있다. 또한 아이와 함께 눈에 띄는 집 안 사물들 이어 말하기, 낱말 거꾸로 말하기, 짧은 동시 짓기, 만화 그리기 등을 통해 아이의 사고력과 상상력을 키워줄 수 있다. 길거리를 오가며 간판 이름을 말하거나 차 번호판을 읽어보고, 차를 타고 가면서도 스무고개 놀이, 스쳐 지나가는 사물 이름 대기, 끝말잇기 등의 놀이를 통해 지속적으로 아이의 뇌를 자극하는 것이 필요하다.

요리도 아이와 함께 하기에 좋은 활동이다. 장 볼 목록을 메모하고, 아이와 함께 장을 본 후에 재료를 다듬고, 썰고, 볶고 하는 모든 과정을 함께한 뒤 설거지까지 같이 하면 아이는 다양한 활동을 두루 경험하게 된다. 더불어 메모하는 습관과 알뜰하게 물건을 구입하는 요령, 음식을 가리지 않고 깨끗하게 먹고 뒤처리하는 방법까지 자연스레 터득할 수 있다.

초등학생과 함께 할 수 있는 활동으로는, 신문에서 좋아하는 기사를 정한 뒤 자기 생각을 한두 줄로 정리해 발표하기, 한 가지 물건을 정해 광고 도안을 만들고 그것으로 부모를 설득해 물건 팔기, 기자가 되어 인터뷰 기사 써보기, 가족과 함께 릴레이로 장편 동화 써보기 등이 있다. 이런 다양한 활동을 통해 아이는 자신감을 높이고 발표력, 논리력, 표현력, 상상력, 협동심을 기를 수 있다.

학년이 올라갈수록 메모나 글쓰기 습관은 더욱 중요해진다. 우리 아이들은 공부하면서 달력이나 수첩을 활용해 계획을 꼼꼼히 짰다. 아이들이 고등학교 때 활용했던 방식을 참조하면 이렇다. 먼저 1년 단위로 큰 틀을 잡아 놓는다. 예를 들어 놓치면 안 되는 것들, 즉 봉사활동이나 물리 인증제 준비, 물리 토너먼트 참가하기 등이 있다. 그다음엔 학교 일정에 따라 분기별 계획을 세워 교내 경시대회나 중간고사, 기말고사 등을 챙기고, 마지막으로는 매일 해야 할 일들을 체크해 계획대로 충실하게 실천했다. 그런 식으로 하다 보니 특별히 부모가 나서서 챙기지 않아도 큰 실수 없이 아이 스스로 알아서 대학까지 갈 수 있었다. 친구들이 어려워하는 보고서나 논문 등도 제법 잘 써내는 것을 보면, 어려서부터의 메모나 글쓰기 습관이 얼마나 중요한지 새삼 깨닫게 된다.

부모는 아이들에게 좋은 습관을 물려줘야 한다. 책 읽기와 글쓰기, 논리적으로 의견 말하기, 다른 사람의 말 경청하기, 계획하고 메모하기 등의 습관은 아이들이 혼자서 습득하기 어려운 것들이다. 이런 좋은 습관은 부모가 관심을 가지고 아이와 함께 노력할 때 체득할 수 있다. 똑똑한 아이, 스스로 공부하는 야무진 아이로 키우고 싶다면, 부모가 먼저 시간을 내서 아이와 함께 날마다 책상에 앉는 습관을 들여보자. 매일 30분씩이라도 시간을 정해 아이와 함께 책상에 앉아 책도 읽고 숙제도 봐주고 이런저런 대화를 나누다 보면 아이가 부모에게서 멀어지거나 일탈 행위를 하는 일은 없을 것이다. 부모가 물려줄 수 있는 가장 좋은 유산은 물질이 아니라 좋은 습관임을 잊지 않았으면 좋겠다.

아이의 자신감을
키워주는 1분 스피치

꽃도 피는 시기가 다 다르듯이 아이들의 성장 속도도 다 다르다. 성격도
천차만별이다. 남과 비교해가며 너는 왜 맨날 그 모양이냐고 아이에게
상처주지 말고, 내 아이만의 예쁜 꽃을 피워낼 수 있도록 따뜻한 위로와
격려를 보내줘야 한다.

둘째 아이는 어렸을 때 말을 우물거리는 버릇이 있었다. 내성적인 성격
에 수줍음도 많아서 남 앞에 나서서 얘기하는 것을 유독 싫어했다. 그 버릇
을 고쳐주기 위해 남편은 가끔 아이한테 책을 소리 내어 읽게 했다. 하지만
태도가 별로 나아지는 것 같지 않았다. 또 다른 방법으로 우리가 시도해본
것이 1분 스피치였다. 우리는 일주일에 한 번씩 시간을 내서 거실에 모여
앉아 일주일 동안 있었던 일 중 한 가지를 골라 1분씩 돌아가며 발표를 하
기로 했다. 처음엔 어색해서 하지 않으려 하던 둘째 아이도 부모가 일상적
인 주제로 부담 없이 이야기를 시작하자 더듬거리며 자기 얘기를 하기 시
작했다. 발표가 끝나면 우리는 잘했다며 박수쳐주고 격려해줬다. 그런 방식
으로 차츰 이야기 시간을 늘리고 주제도 다양하게 정해 스피치를 계속하자,

244

아이는 자신감도 얻고 말도 조리 있게 잘하게 되었다. 둘째 아이한테 효과가 있었던 그 방법을 공부방 아이들한테도 활용했다. 공부방 아이들 중에는 소심해서 대화에 끼어들지 못하거나 수업에 별 흥미를 느끼지 못하고 딴짓만 하는 아이들이 있었다. 특히 남자아이들 중에 그런 경우가 많았다.

나는 수업이 시작되면 아이들에게 무조건 한 번씩 자기 얘기를 하게 했다. 할 말이 없다고 하면 그날 아침에 무엇을 먹었는지, 학교에서 짝이랑 무슨 얘기를 했는지, 그날 제일 재미있거나 인상적인 일은 무엇이었는지 먼저 생각해보게 했다. 그런 다음 발표를 시켰다. 여자아이들은 야무지게 말을 잘했지만 남자아이들 중에는 몇 마디 말로 끝내거나 생각이 안 난다며 입을 다물어버리는 아이도 있었다. 그럴 때도 다른 아이들에게 계속 질문을 던지게 해서 이야기를 끌어내게 했고, 이야기가 끝난 다음엔 다 같이 박수를 쳐주며 잘했다고 칭찬해줬다.

뭐든 시작이 어려울 뿐, 한 번 하다 보면 습관적으로 하게 된다. 아이들도 수업이 시작되면 당연히 1분 스피치가 있을 것이라 예상하고 미리 이야깃거리를 준비해왔다. 얼마간 그런 방식으로 진행을 하니 남자아이들도 제법 조리 있게 말하게 됐고 말하는 것을 즐기게 됐다. 그래서 다음엔 시간을 좀 더 늘리고 주제도 미리 정해 각자의 생각을 노트에 써 와서 발표하게 했다.

요즘 아이들은 욕을 많이 한다. 저희끼리 은어를 사용해서 어른들은 이해하지 못하는 경우도 많다. 언어 사용이 바르지 못하니 말도 거칠고 행동

까지 덩달아 과격해진다. 스피치를 할 때는 바르고 정확한 경어를 사용하기 때문에 아이들의 언어 습관도 저절로 좋아질 수밖에 없다. 제대로 된 문장을 사용하도록 지도하고, 남이 알아들을 수 있도록 큰 소리로 또박또박 말하는 연습을 시키면 발표력도 덩달아 좋아진다.

또한 남에게 자신의 의견을 발표하려면 문장 구성도 신경 써야 하고 내용도 알차게 꾸며야 한다. 이를 위해 아이들 나름대로 자료를 찾아보며 공부도 하게 된다. 다른 사람이 발표할 때는 경청하고 질문할 때는 손을 들어 차례를 기다리게 한다. 질문과 답변을 주고받으면서 서로의 마음을 공감하게 되고, 자신의 생각과 다르다는 사실도 인정하며, 타인의 처지를 이해하고 위로할 줄도 알게 된다. 서로 격려해주고 칭찬해주면서 고마움도 느끼고 자신감도 얻으니 두루두루 좋은 일이다.

그런데 똑같은 방식을 오래 활용하다 보면 아이들이 흥미를 잃거나 익숙해진 패턴대로 대충 하게 되는 단점도 있다. 그럴 경우에 대비해 여러 가지 방법을 생각해놓아야 한다. 과학관이나 박물관에 다녀온 뒤 견학문을 써서 발표하거나, 동시나 짧은 동화를 지어 들려주거나, 광고 문구를 써서 직접 물건을 팔아보거나, 서로를 인터뷰해보거나, 가족사진을 가져와 자기 가족을 소개해보는 다양한 방식으로 스피치를 이어갈 수 있다.

아직 논리력이나 글 솜씨가 부족한 저학년의 경우에는 짧게 자기 생각을 말하게 하고 그 내용을 칭찬해줌으로써 자신감을 키워주는 방식으로 스피치를 이용하면 된다. 중학년의 경우에는 주제를 주고 요령 있게 이야기를 구성하는 방법을 알려주고, 고학년 아이들에게는 중요한 내용을 강조해서 말하는 법이나 청중의 관심을 끌기 위한 다양한 표현법에 중점을 둬서 가르치는 것도 필요하다.

갈수록 세상은 다원화되고, 그 안에서 개인들은 자신의 존재를 드러내기 위해 안간힘을 쓰고 있다. 그 방편으로 부각되는 기술이 말하기와 글쓰기다. 자신의 의견을 명쾌하고 설득력 있게 전달하기 위해서는 때론 논리적으로, 때론 감성적으로 글을 쓰거나 말을 할 줄 알아야 한다. 모두가 달변가가 될 필요는 없겠지만 적어도 자신의 생각을 또박또박 말과 글로 표현해낼 수는 있어야 한다.

정답을 달달 외워서 시험을 보고, 학벌만으로 회사에 취직하고, 평생 한 직장에서 밥을 벌어먹던 시절은 끝났다. 공부만 잘한다고 성공하는 시대도 아니다. 요새 아이들은 초등학교 때부터 서술형으로 자기 생각을 써내야 하고 국제중, 외고, 영재고, 자사고 등의 중고교 입시나 대학 입시에서는 구술 면접의 비중이 높아져 말로 조리 있게 자신의 답안을 설명할 수 있어야 한다. 대학에 가서는 각종 보고서와 논문을 쓰고 발표해야 하고, 직장에서도 끊임없이 보고서를 작성해 상사에게 보고해야만 한다. 그렇게 우리는 평생 말과 글을 삶의 수단으로 활용해야 하는 것이다.

그렇다고 기함하며 겨우 서너 살 된 아이를 이리저리 학원으로 내돌릴 필요는 없다. 부모가 조금만 부지런을 떨면 아이는 재미있고 행복하게 말과 글쓰기를 익힐 수 있으니 말이다. 서점이나 도서관에 가면 온갖 책들이 다양한 방법론을 제시해준다. 인터넷에 접속하기만 해도 정보가 쏟아진다. 그

중에서 우리 아이한테 가장 적합한 방법을 찾아 지속적인 관심을 가지고 교육하면 되는 것이다.

　꽃도 피는 시기가 다 다르듯이 아이들의 성장 속도도 다 다르다. 성격도 천차만별이다. 남과 비교해가며 너는 왜 맨날 그 모양이냐고 아이에게 상처 주지 말고, 내 아이만의 예쁜 꽃을 피워낼 수 있도록 따뜻한 위로와 격려를 보내줘야 한다. 아무리 사소한 일이라도 잘한 일이 있으면 칭찬해주고 격려해주자. 관심과 사랑을 듬뿍 받으며 자라는 아이는 성격도 긍정적으로 바뀌고 친구들과도 잘 어울린다. 다른 장점이 많은데도 단점만 지적해 혼내다 보면 아이는 점점 더 위축되고 눈치만 살피게 된다. 아이에게 공부하라고 잔소리만 할 것이 아니라 내 아이한테 부족한 점이 무엇인지 세심하게 살펴서 도움을 줄 때, 아이는 자신감을 가지고 세상에 뛰어들어 세파를 헤치고 앞으로 나아갈 수 있다.

관찰력 좋은 아이가
글도 잘 쓴다

아이들에게 일기나 독후감을 무조건 길게 쓰라고 채근하기 전에 우선
차분히 주변을 둘러볼 수 있는 여유를 주고 한 줄 쓰기, 두 줄 쓰기부터
시작해 차근차근 글의 분량을 늘려나가게 해야 한다. 글은 물 흐르듯 자
연스럽게 써내려가는 것이 중요하다. 엄마가 할 일은 아이가 편하게 글
을 쓸 수 있도록 격려해주고 칭찬해주는 일이다. 비평가의 눈이 아니라
사랑 가득한 자애로운 엄마의 눈길로 말이다.

글은 머리로 쓰는 것이 아니라 가슴으로 쓰는 거라는 말이 있다. 이 말인
즉, 거짓으로 지어내지 말고 마음속에서 우러나는 글을 쓰라는 의미다. 좋
은 글이란 자신의 생각과 삶이 진솔하게 드러나는 글이다. 남의 생각과 남
의 글을 흉내 내는 것이 아니라 자기 생각과 느낌을 정직하게 드러내는 글
이 좋은 글이다. 그러기 위해서는 자신의 삶을 먼저 가치 있게 가꿔야 하고
그 삶을 소중히 여기는 마음이 있어야 한다. 자신의 삶을 부정하고 자신의
생각을 부정하는 사람이 좋은 글을 쓸 수는 없기 때문이다.

아이들에게도 글을 쓸 때는 자신의 생각이나 느낌을 솔직하게 쓰도록 가
르쳐야 한다. 남에게 보여주기 위해 거짓으로 쓰거나, 남들이 이미 많이 사
용해서 진부한 혹은 상투적인 표현을 따라 쓰거나, 너무 많은 꾸밈말로 문

장을 복잡하게 하거나, 별 내용도 없이 장난하듯 쓰면 안 된다. 생활 속에서 겪은 일을 글감으로 택해서 단순한 문장으로 써내려가야 한다.

다음은 나와 함께 공부했던 4학년 아이가 쓴 글이다.

이 글에는 글을 쓴 아이의 마음이 그대로 드러나 있다. 읽는 사람을 의식해서 거짓으로 쓴 글이 아니다. 문장도 꾸밈말이 적어서 힘 있게 읽힌다.

아이는 이처럼 글을 쓰면서 서운했던 감정을 어느 정도 해소하게 된다. 아이가 쓴 글을 읽고 엄마는 자신의 행동을 반성할 것이고 아이에게 미안하다고 말할 것이다. 그러면 아이의 맺혔던 마음이 풀리고 모녀간에 다시 좋은 관계가 유지될 수 있다. 이렇듯 글쓰기는 마음을 치유하는 방법으로 활용되기도 한다.

아이들한테 글을 써보라고 하면 쓸 게 없다고 불평한다. 주제를 정해줘도 어떻게 시작해야 할지 몰라 고개만 갸웃거린다. 그럴 때는 사물을 그림 그리듯 자세히 관찰한 뒤 보이는 대로 써보라고 해야 한다. 사물을 있는 그대로 그려내는 것이다. 예를 들어 '옆에 앉은 친구'에 대해 써보기로 하자. 이 경우, 우선 친구를 머리끝부터 발끝까지 자세히 관찰해본다. 그런 다음 먼저 머리를 보며 보이는 대로 자세히 써내려간다.

그런 다음 얼굴로 넘어가서 계속 써본다.

그다음엔 옷의 색깔, 모양, 단추 등등 친구가 입고 있는 옷을 묘사해본다. 옷에 관해 다 묘사했다면 친구의 행동으로 넘어간다.

인물 묘사뿐 아니라 집과 학교를 오갈 때 보이는 것을 그대로 써보는 것도 좋은 방법이다.

그다음으로 보이는 것들, 즉 화단이나 시계탑, 광고판, 우체통, 가게들, 사람들을 자세히 살펴보고 마음으로 묘사해보는 습관을 들이게 한다. 아이들 혼자서 그런 습관을 들이는 것은 어렵기 때문에 처음엔 어른들이 도와줘야 한다. 아이가 어렸을 때부터 아이 손을 잡고 걸으며 어른이 먼저 말로 주위를 자세히 묘사해 들려주는 것이다. 그러면 아이는 어른이 하는 행동이나 말을 주의 깊게 듣고 있다가 앵무새처럼 그대로 따라 한다.

설명문이든 서사문이든 모든 글쓰기의 기본은 '묘사하기'다. 묘사는 설명적인(객관적인) 묘사와 인상적인(주관적인) 묘사로 나뉜다. 설명적인 묘사는 대상을 자세히 관찰하고 있는 그대로 치밀하게 그려내는 것이다. 관찰하는 사람의 생각이나 느낌은 포함되지 않는다. 인상적인 묘사란 대상으로부터 받는 느낌이나 인상을 표현하는 것이다. 대상이 지닌 가장 특징적인 면이나 지배적인 인상을 포착해 느낀 대로 묘사하면 된다. 예를 들어보자.

① 우리 강아지의 털 색깔은 갈색과 흰색이 반씩 섞여 있다. 몸길이는 60센티미터 정도이고 몸무게는 5킬로그램이다. 눈은 동그란 갈색 구슬처럼 생겼고 코는 검정 단추처럼 생겼다. 배꼽이 툭 튀어나와

있고 팥알만 한 젖꼭지 두 개가 털 속에 묻혀 있다.

② 강아지가 내는 다양한 소리를 들어보면 사람의 소리와 똑같이 들려 깜짝 놀라곤 한다. 배에 귀를 기울여보면 쫄쫄 물 내려가는 소리도 들리고 꼬르륵 소리도 들린다. 잠을 잘 때는 드르릉거리며 코를 골기도 하고 가끔 끅끅 숨넘어가는 소리를 내기도 한다. 물그릇 앞에서 컹 하고 짖으면 물 달라는 소리이고, 현관문 앞에서 컹 하고 짖으면 나가고 싶다는 소리이다.

위의 예문 가운데 ①은 객관적인 사실만 나열해놓은 '설명적인 묘사'이고, ②는 강아지 소리를 중심으로 글쓴이의 느낌을 표현해놓은 '인상적인 묘사'이다. 이렇듯 자세히 묘사해놓은 글을 읽으면 독자는 마치 자신이 직접 보고 듣고 느끼는 것처럼 생생한 인상을 받게 된다.

요즘 아이들은 늘 바쁘기 때문에 주변 상황에 별 관심이 없다. 뭐든 대충 흘려듣고, 무심히 넘겨버리고 만다. 주변을 찬찬히 둘러보는 습관이 들지 않았기 때문이다. 그런 아이들에게 눈에 보이는 사물과 사람에 대해 애정과 관심을 기울여 자세히 관찰하게 한다면, 성격도 보다 꼼꼼하고 차분해질 뿐 아니라 글을 쓸 때 글감이나 주제도 쉽게 찾아낼 수 있다.

처음부터 글을 잘 쓰는 사람은 없다. 부단한 노력의 결과이다. 아이들에게 일기나 독후감을 무조건 길게 쓰라고 채근하기 전에 우선 차분히 주변을 둘러볼 수 있는 여유를 주고 한 줄 쓰기, 두 줄 쓰기부터 시작해 차근차근 글의 분량을 늘려나가게 해야 한다.

한 가지 주의할 점은 맞춤법이나 띄어쓰기에 너무 집착해 아이를 혼내서는 안 된다는 것이다. 글은 내용이 중요하다. 물 흐르듯 자연스럽게 써내려가는 것이 중요하다. 아이가 정성스럽게 쓴 글에다 맞춤법이 틀렸다며 빨간 색연필로 짝짝 줄을 긋거나 하는 것은 아이의 자존심을 건드리고 쓰고 싶은 맘을 꺾는 일이다. 엄마가 할 일은 아이가 편하게 글을 쓸 수 있도록, 그래서 그 글을 가족들한테 자랑스럽게 발표할 수 있도록 아이를 격려해주고 칭찬해주는 일이다. 비평가의 눈이 아니라 사랑 가득한 자애로운 엄마의 눈길로 말이다.

습관을 들여주는 건
부모 몫이다

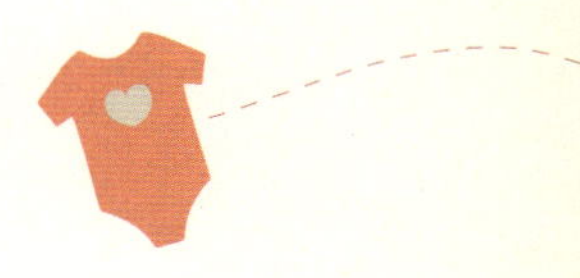

어느 날 무작정 종이와 연필을 쥐어주며 글을 쓰라고 다그치기보다 아이가 어릴 때부터 부모가 차분히 마주 앉아 한 줄 두 줄 쓰게 하다 보면 글쓰기 실력도 차츰 늘게 마련이다. 책과 신문도 읽히고 다양한 견문도 쌓아주고 사람과 사물을 자세히 관찰하는 습관도 길러준다면, 아이는 생각이 깊어지고 그 생각을 조리 있게 표현할 줄 알게 된다.

엄마가 지도하는 글쓰기는 대개 일기와 독서 감상문이다. 그 두 가지만 꾸준히 써도 글쓰기 실력이 많이 좋아지는데, 문제는 아이들이 가장 하기 싫어하는 게 일기 쓰기와 독서 감상문이라는 데 있다. 때문에 엄마와 아이는 늘 옥신각신하게 된다. 책 읽기도 억지로 시켜서는 안 되듯, 글쓰기도 억지로 시킬수록 거부감만 불러일으킨다. 그렇다고 포기할 수도 없는 노릇이라 엄마들 고민이 이만저만이 아니다. 아이가 콩이나 채소를 싫어하면 엄마는 다양한 요리법을 개발해서 어떻게든 아이에게 먹이려고 한다. 글쓰기도 이와 다르지 않다. 여러 가지 방법으로 시도하다 보면 내 아이에게 맞는 방법을 찾을 수 있다.

글쓰기를 하려면 먼저 쓸 거리부터 찾아야 한다. 글감을 찾고 생각을 키우는 데 생생한 체험만큼 좋은 것이 없다. 현장 체험을 위해 많은 비용을 지불하거나 먼 곳까지 발품을 들여 찾아가야 하는 것은 아니다. 일상에서도 얼마든지 다양하고 즐거운 이야깃거리를 아이와 함께 만들 수 있다. 매일 지나다니는 똑같은 길이라도 어떤 눈으로 바라보느냐에 따라 얼마든지 다른 경험을 할 수 있으니 말이다.

어제는 보이지 않던 민들레가 길가 돌 틈에 삐죽 솟아 있다면, 그 민들레를 들여다보며 아이와 두런두런 이야기를 나눠보자. 저 민들레는 왜 여기 혼자 피어 있을까? 누가 밟으면 어쩌지? 혼자 외롭진 않을까? 다른 민들레 가족들은 어디에 있을까? 보고 싶다고 울지는 않을까? 이렇게 사물들을 의인화해 상상해보고 사람들도 요모조모 살피다 보면, 아이의 생각이 쑥쑥 자라고 일상 속에서도 글감을 쉽게 찾아 동시도 쓰고 동화도 쓰고 그림도 그릴 수 있다.

초등 1, 2학년까지는 형식에 구애받지 않고 무엇이든 자유롭게 쓰도록 놔두는 것이 좋다. 아이 이름으로 된 노트 한 권을 마련해서 아이가 마음대로 꾸미고 활용하게 해보자. 그날 있었던 일을 그림으로 그려도 좋고 짧은 글로 표현해도 된다. 놀이터에서 주워온 낙엽을 붙인 다음 말풍선을 그려 짧은 동화를 만들어보거나 엄마와 동생에게 하고 싶은 말을 써보는 것도 좋다. 가족들은 아이가 뭔가 열심히 하고 있는 것을 칭찬해주고 노트 한쪽에 예쁜 하트를 그려 넣어주거나 몇 마디 칭찬을 써주면 된다. 그러면 아이는 자신의 작품집인 노트를 소중히 여기고 더 멋지게 꾸미려고 할 것이다.

아이가 꾸준히 작품집을 만들게 하려면 엄마가 주의를 기울여 살펴봐야 한다. 아이가 노트를 멀리한다 싶으면 엄마가 그 노트에 격려의 편지를 써주거나, 좋은 동시를 써 넣거나 해서 아이의 동기를 자극하면 된다. 아이가 재미있게 할 거리를 찾지 못하면 엄마가 힌트를 줄 수도 있다. 그날 있었던 일 중 가장 의미 있는 일을 택해서 아이와 얘기를 나누다 보면 아이 스스로 소재를 찾을 수도 있다. 이외에도 신문에서 특정한 기사나 사진을 찾아 노트에 오려붙이고 헤드라인을 옮겨 써보거나, 색종이 접기를 해서 노트에 붙여보면서 아이의 호기심을 자꾸 끌어내야 한다.

나는 아이들과 함께 매일 한 시간가량 책상에 앉아 책도 읽고 글도 쓰곤 했는데, 내가 그러고 있으면 아이들도 나름대로 작품집에 뭔가를 열심히 채워 넣었다. 만화도 그리고, 그림일기도 쓰고, 견학문도 쓰고, 동시도 썼다. 초등 3학년 무렵부터는 아이의 작품집을 보며 좀 더 세심히 표현해보도록 지도했다. 둘째 아이가 초등 3학년 때 쓴 일기를 예로 들어보겠다.

> 오늘 새벽 2시에 일어나 축구를 봤다. 파라과이랑 해서 아쉽게 졌다. 참 슬펐다. 축구가 5시에 끝나서 그때부터 자기 시작해서 8시까지 잤다. 너무 조금 잔 것 같다. 아직도 나는 축구에서 진 것이 너무 아깝다.

일기가 너무 간단했다. 나는 아이를 불러 그때 상황에 대해 함께 이야기를 나눠봤다. 누구랑 축구를 봤니? 그때 붉은악마 옷은 안 입었어? 간식은

뭐 먹었어? 몇 대 몇으로 졌는데? 아빠랑 형이 뭐라고 했어? 아빠가 "저런 바보 같은 놈들!"이라고 했다고? 형은? "괜히 봤네, 잠이나 잘걸!" 그랬다고? 그럼 그런 말들까지 다 일기에 써보면 재밌겠다. 다시 한 번 써볼래? 하면 아이는 보다 자세히, 그때의 느낌이 생생히 살아나도록 일기를 쓴다. 그런 식으로 몇 번만 지도해주면 아이의 글쓰기는 점차 세분화되고 쓸 거리도 많아진다.

형식을 갖춰 제대로 글을 쓰려면 초등 고학년 이상은 되어야 한다. 고학년 정도 되면 아이에게 글을 쓰기 전에 먼저 어떤 형식으로 글을 쓸지 정하게 한다. 형식에 따라 글을 쓰는 방법도 달라지기 때문이다. 엄마가 글쓰기를 지도하려면 몇 가지 글쓰기 형식을 알아둬야 한다. 사고력을 키우는 글쓰기에는 논설문, 설명문, 관찰기록문 등이 있고, 정서적인 글에는 동시와 동화, 서사문 등이 있다.

먼저 가장 자주 쓰는 서사문에 대해 알아보자. 서사문은 생활문이라고도 하는데 보고 듣고 생각한 것, 경험한 것을 솔직하고 자세하게 쓴 글을 말한다. 일기나 독서 감상문도 서사문에 포함된다. 서사문은 본 대로 들은 대로 정직하게 써야 하고, 이야기 속에 누가, 언제, 어디서, 무엇을, 어떻게 해서, 어찌 되었다는 내용이 들어 있어야 한다. 느낌과 생각을 꼭 드러낼 필요는 없고, 읽는 사람이 글을 통해 감동을 받을 수 있으면 된다. 쓸 때는 상황을 자세히 묘사하고 그때 주고받았던 대화를 곁들이면 글이 보다 생생해진다. 서사문의 예를 들어보자.

"이제 다 됐다, 얼른 귀 막아라!"

할아버지의 고함 소리에 우리는 귀를 꽉 틀어막았다. 펑! 하얀 연기가 위로 치솟았다. 연기 속에서 할아버지가 웃고 계셨다. 쪼글쪼글 주름 잡히고 까맣게 탄 할아버지 얼굴은 마치 하회탈처럼 보였다. 우리는 할아버지 주위로 몰려갔다. 할아버지가 하얀 쌀 튀밥을 한 주먹씩 우리한테 나눠주셨다.

(중략)

"그게 정말이에요?"

우리는 깜짝 놀란 얼굴로 할아버지를 바라봤다.

"그려. 오늘로다가 끝이여. 내일 고물상에서 사람이 와서 이 기계를 가져갈 거여."

할아버지는 주름진 손으로 튀밥 기계를 어루만지셨다. 50년 동안이나 할아버지와 함께 살아온 튀밥 기계가 내일 고물상으로 가야 한다고 생각하니 마음이 너무 아팠다.

튀밥 할아버지가 절룩거리며 튀밥이 들어 있는 그물망을 떼어서 커다란 고무 함지박에 털어냈다. 하얀 튀밥이 그득하게 담겼다. 비둘기들이 구구거리며 모여들었다. 할아버지가 튀밥을 한 줌 집어서 바닥에 뿌리셨다.

"옜다! 너희들도 실컷 먹어라."

할아버지가 비닐봉지에 튀밥을 담기 시작했다. 엄마가 할아버지 옆으로 가서 함께 튀밥을 담았다. 동생도 엄마 옆에 쪼그리고 앉아 튀밥을 담기 시작했다. 강아지를 붙잡고 있는 나만 그냥 서서 세 사람을 구경했다.

우리가 할아버지를 알게 된 건 3년 전이었다. 새로 이사 온 아파트 앞에는 특수학교가 있었고 교문 앞에 할아버지가 고목처럼 앉아 튀밥을 튀겨 팔고 계셨다. 우리는 그 학교에 자주 산책을 다니며 할아버지와 친해졌다. 엄마는 가끔 쌀이며 옥수수를 가져다 튀밥도 튀기고 할아버지랑 얘기도 많이 나눴다. 맛있는 것이 있으면 도시락에 싸서 가져다드리기도 했다. 그렇게 가족처럼 지내던 할아버지였는데 이제 뵐 수 없다니…

(중략)

건널목을 건너서 다시 할아버지 쪽을 바라봤다. 할아버지는 여전히 튀밥 기계를 어루만지며 앉아 계셨다. 할아버지, 힘내셔요. 나는 마음속으로 할아버지를 응원해드렸다. 할아버지의 마음을 아는지 모르는지 비둘기들이 구구거리며 할아버지 앞을 오가고 있었다.

이 글의 소재는 '튀밥 할아버지'이고, 주제는 '할아버지에 대한 안타까운 마음'이다. 낡은 튀밥 기계를 사랑하는 할아버지의 마음이 감동적으로 다가온다. 글쓴이가 평소 할아버지에 대해 이것저것 관찰을 잘해놓았기 때문에 이런 글이 나오게 된 것이다. 특히 할아버지 얼굴이 하회탈처럼 보인다거나 학교 앞에 고목처럼 앉아 계신다는 비유가 뛰어나다. 첫머리를 대화체로 시작한 것도 지루하지 않고 참신하다.

　다음은 글쓰기 중에서도 가장 난감해하는 논설문에 대해 이야기해보려 한다. 논설문 하면 딱딱하고 어려운 글이라고 생각하지만, 상상력이나 창의력이 필요한 동화나 동시를 쓰는 것보다 오히려 쉽다. 일정한 형식이 있어 쓰기 훈련만 잘 되어 있다면 누구나 잘 쓸 수 있는 글이기 때문이다.

　논설문을 잘 쓰려면 먼저 논리적인 사고력을 길러야 한다. 논리적인 사고력을 키우기에 가장 좋은 방법은 신문 사설을 꾸준히 읽는 것이다. 나 역시 우리 아이들에게 초등 고학년 때부터 신문을 읽게 했다. 아이들이 바쁠 때는 신문에서 사설과 주요 기사를 스크랩해놓고 식사 시간이나 잠자기 전에 읽어보게 했다. 주말에 시간이 있을 때는 가족들이 모여 사설 중에서 한 가지 이슈를 뽑아 토론해보거나, 사설을 서론, 본론, 결론 등으로 자세히 분석해서 읽어본 후 노트에 요점을 정리하고 자신의 의견을 덧붙여 써보게 함으로써 아이들의 논리적인 사고력과 분석력을 키워줄 수 있었다.

　논설문을 잘 쓰려면 자신을 둘러싼 세상에 대해 관심을 갖고 살펴보며, 문제점은 무엇이고 왜 저런 일이 일어났을까, 개선점은 무엇일까 생각하는 버릇을 가져야 한다. 쓸 거리를 찾았다면 먼저 얼개를 구체적으로 짜야 한다. 문제점의 원인과 결과와 해결 방안을 생각해보고 필요한 자료들을 조사한 다음, 그것들을 적절히 배치한 후에 글을 쓰기 시작하면 논점이 일목요연해진다. 논설문의 예를 들어보자.

제목 : 모든 생명은 소중하다

(서론) 아빠와 함께 축구를 하러 가는데 아파트 마당에 아이들이 모여 있는 것이 보였다. 들여다보니 아이들이 나뭇가지를 가지고 지렁이를 괴롭히고 있었다. 아빠의 얼굴이 일그러졌다.

"얘들아, 지렁이도 생명인데 괴롭히면 되겠니? 빨리 화단에다 놓아 줘라!"

아빠가 엄하게 말씀하시자 아이들은 마지못해 지렁이를 화단에 놓아줬다. 아이들이 어슬렁거리며 사라지자 아빠가 혀를 차며 한숨을 내쉬었다. 나는 아빠 마음을 이해할 수 있었다. 아이들이 하는 짓을 보니 나 역시 기분이 좋지 않았기 때문이다.

모든 생명은 소중하다. 그런데도 우리는 생명을 너무 함부로 대한다. 사람도 함부로 죽이고 나무도 함부로 꺾고 곤충도 함부로 잡는다. 그렇게 생명을 하찮게 생각하기 때문에 사회가 갈수록 혼란스러워지고 자연의 질서도 무너지고 있다. 소중한 생명을 함부로 대하는 이유가 무엇이고 어떻게 하면 생명을 존중할 수 있을지 그 방법을 알아보자.

(본론) 생명을 함부로 대하는 첫번째 이유는 요즘 아이들이 너무 정서가 메말라서 그렇다고 생각한다. 공부에만 시달리다 보니 스트레스가 많이 쌓이게 되고, 그 스트레스를 풀기 위해 남을 괴롭히는 것이다.

(중략)

두번째 이유는 아이들이 너무 게임을 많이 하는 데에 그 이유가 있다고 본다. 게임 속에서 함부로 생명을 죽이고 괴롭히니 현실에서도 똑같이 생각하는 것이다. 가상세계인 게임에 너무 몰입하다 보면 현실도 가상세계처럼 생각하게 된다. 죄의식도 사라지고 두려움도 사라진다.

(중략)

세번째 이유는 부모들이 제대로 교육을 시키지 않아서 그렇다고 생각한다. 우리나라 부모들은 예절 교육을 잘 시키지 않는다. 공부만 잘하면 그만이라고 생각한다. 우리 집은 아빠나 엄마가 절대 살아 있는 것은 죽이지 말라고 하신다. 꽃이나 나무도 못 꺾게 하신다. 내가 죽여본 것이라고는 나를 괴롭히는 모기 몇 마리가 전부다.

(중략)

그럼 어떻게 하면 생명을 존중하게 될까? 어려서부터 교육을 바르게 시키고 물고기나 곤충을 잡는 행사 같은 것은 안 했으면 좋겠다. 어려서부터 그런 것을 재미로 알고 자란 아이들은 어른이 되어서도 생명을 하찮게 여길 수 있기 때문이다.

(중략)

(결론) 이상으로 생명을 경시하는 이유와 생명을 존중할 수 있는 방법 몇 가지를 알아봤다. 생명이 있는 것은 모두가 다 소중하다. 우리는 지구에서 그것들과 함께 어울려 살아가고 있다. 작고 하찮다고 생명 있는 것들을 함부로 무시하고 괴롭힌다면 우리가 살 수 있는 환경도 파괴되고 말 것이다. 생명을 존중하고 보호해서 환경을 잘 가꾸어야겠다. 그래야 우리도 살고 후손들도 잘살 수 있다. 한 사람 한 사람이 모두 생명을 존중하고 사랑하는 마음을 갖도록 하자.

서론에는 자기주장을 펼치기 위한 문제 제기를 해놓았다. 문제를 너무 막연한 것에서 찾지 않고 자기가 겪은 일상에서 찾아낸 점이 돋보인다. 본론은 글쓴이의 주장을 내세우는 부분으로, 문제의 여러 가지 원인과 해결 방안을 제시하고 있다. 본론 부분은 가장 길게 자기 의견을 쓰는 곳이다. 막연히 쓰기보다는 몇 가지 이유를 들어가며 쓰면 글이 짜임새 있고 쓰기도 쉽다. 결론에는 본론에서 주장한 내용을 요약해 마무리 짓고 앞으로 개선해야 할 태도와 방향을 제시하면 된다.

마지막으로 독서 감상문에 대해 알아보자. 독서 감상문은 책을 읽고 마음에 떠오르는 생각이나 느낌을 써놓은 글이다. 가장 일반적인 형식은 첫 부분에는 책을 읽게 된 동기나 첫 느낌을 쓰고, 가운데 부분에는 줄거리와 느낌을 번갈아 쓰고, 마지막에는 읽은 느낌을 종합적으로 쓴다. 이때 꼭 일반적인 형식을 고집할 필요는 없다. 동시나 만화, 편지글도 괜찮고, 인터뷰 형식 또는 아예 자기 나름대로 줄거리를 써봐도 괜찮다. 단, 책 제목과 저자, 출판사, 발행 연도 등은 꼭 써놓아야 한다. 최소한의 줄거리와 기억하고 싶은 구절, 감동적인 부분도 함께 써놓으면 나중에 글을 쓸 때 참조하기에 좋다. 마지막에는 '나는 결심했다'나 '나는 큰 감동을 받았다' 대신 자기만의 참신한 표현 방법을 쓰는 버릇을 들이는 것도 중요하다.

뭐든 가르치기 나름이다. 어느 날 무작정 종이와 연필을 쥐어주며 글을 쓰라고 하기보다는 아이가 어릴 때부터 부모가 차분히 마주 앉아 한 줄 두 줄 쓰게 하다 보면 글쓰기 실력도 차츰 늘게 마련이다. 책도 읽히고 신문도 읽히고 다양한 견문도 쌓아주고 사람과 사물을 자세히 관찰하는 습관도 길러준다면 아이는 생각이 깊어지고, 그 생각을 조리 있게 말하고 글로 표현할 줄 알게 된다. 한 방울 두 방울의 낙숫물이 바위를 뚫는 법이다. 서두르지 말고 아이와 천천히 한 가지씩 해나가다 보면 아이들은 글쓰기를 즐거운 일로 받아들일 것이다.

글쓰기는
생각 쓰기다

글쓰기는 무작정 되는 것이 아니다. 쓸 거리가 있어야 한다. 쓸 것, 쓰고 싶은 것이 머릿속에 차곡차곡 쌓여 있어야 한다. 보고, 듣고, 경험하고, 읽고, 상상하면서 자연스럽게. 그릇에 물이 가득 차면 흘러넘치듯, 글쓰기도 쓸 거리가 차고 넘치면 종이 위로 자연스레 흘러넘치게 마련이다.

2년가량 동네 아이들과 독서와 글쓰기를 하면서 가장 마음 아팠던 것은 너무도 바쁜 아이들을 바라보는 일이었다. 나는 공부방을 다른 학원들과는 달리 자유롭고 재미있게 운영하려 했고, 아이들이 우리 집에 와서 마음 편히 책과 친해지길 바랐다. 하지만 항상 바쁜 아이들은 나와의 책 읽기도 숙제나 의무처럼 생각했고, 엄마가 짜준 빡빡한 스케줄 중 하나로 여기곤 했다. 아이들이 그렇게 받아들이는 것도 당연한 일이었다. 나와의 수업이 끝나기가 무섭게 피아노, 태권도, 미술, 수학, 영어, 과학 등 줄줄이 학원 수업이 기다리고 있으니 아이들이 무슨 정신으로 책을 읽고 글을 쓰겠나 싶었다. 그런 아이들을 보며 생각하곤 했다. '아이들이 참 대단하구나! 만일 어른들에게 그런 스케줄을 소화해내라고 한다면 다들 비명을 질러대며 도망치고 말 텐데'. 아이들은 두세 시까지 학교에 앉아 있다가 집에 오자마자 다시 두세 곳의 학원 순례, 그리고 집에 돌아와선 다시 열두 시, 한 시까지 학원 숙제를 하다가 몇 시간 쪽잠을 자고 다시 학교로 향하니 얼마나 대단한지 모르겠다.

가끔 조급한 엄마들이 "우리 아이는 왜 이렇게 글쓰기가 안 늘지요?" 하고 물을 때면 나는 이렇게 말해주곤 했다. "글쓰기도 연습이 필요해요. 처음엔 한 줄, 다음엔 두 줄 세 줄… 자꾸 쓰다 보면 분량이 늘어날 거예요"라고. 하지만 마음속에선 이렇게 말하고 있었다. "어머니, 글쓰기는 생각 쓰기예요. 아이가 언제 생각할 틈이라도 있었나요?"

매사에 급할 것이 없는 둘째 아들은 멍하니 침대에 누워 있을 때가 많다. 아이가 빈둥거리는 꼴을 참아내는 엄마는 많지 않을 것이다. 나 역시 마찬가지여서 참다 참다 슬쩍 다가가 건드려보게 된다.

"뭐 하니?"

그럼 아이는 천연덕스럽게 대답한다.

"생각중이에요."

아들의 말이 정답이다. 아이의 머릿속에는 온갖 생각들이 춤추고 있을 것이다. 간밤에 읽은 책을 되짚어보거나, 지도상의 낯선 나라들을 생각하거나, 아니면 좋아하는 여자아이를 떠올리며 웃고 있을지도 모른다. 내가 새라면 얼마나 좋을까. 왜 눈은 흰색일까 등등. 상상력이란 아이의 무궁무진

한 생각 속에서 자라나는 것이다. 그것을 잘 알면서도 조급증을 못 참고 아이를 방해한 내 자신이 부끄러워 하릴없이 아이 방에서 물러나고 만다.

아이들이 어렸을 때는 아이들과 함께 산책을 많이 했다. 아이들에겐 새로운 자극이 필요하기 때문에 늘 똑같은 공간에 있게 하기보다는 다양한 경험을 하게 해주는 것이 좋다. 멀리 가는 것이 부담스럽다면 아파트 단지를 산책하거나 집 근처 산으로 놀러가는 것도 좋다. 아이와 함께 여기저기 둘러보며 사물들을 새롭게 발견하도록 도와주고, 아이들과 이런저런 얘기를 나누면 아이들의 정서 발달에도 도움이 된다. 커다란 나무등치도 안아보고, 하늘도 보고, 바람 냄새도 맡아보고… 새싹과 꽃들, 나비, 낙엽, 눈송이 등 보이는 모든 것이 교과서고 지식의 보고다.

아이들이 보고 느끼는 것만으로도 사실 충분하지만, 글쓰기와 연계해 생각하면 이후 프로그램이 따라주는 것이 보다 효율적이긴 하다. 아이들과 그 자리에서 종알종알 나눴던 이야기, 함께 지어본 동시 등을 집에 돌아와서 그림이나 글로 표현해보는 것이다. 이때 억지로 숙제하듯, 엄마가 명령조로 시켜선 안 된다. 엄마가 먼저 시작해야 한다. 엄마가 먼저 그림을 그리거나 뭔가를 쓰고 있으면 아이들은 쪼르르 옆으로 와서 뭘 하고 있는지 묻는다. 그럴 때 "응, 아까 우리가 말했던 것들, 우리가 만든 동시를 써놓으려고. 안 그러면 다 잊어버리잖아. 이따가 아빠 오시면 보여드려야지?" 하고 말하면 아이들은 엄마보다 더 열심히 그리고, 쓰고, 장식하고, 온갖 상상력을 발휘해 작품을 만들어놓는다. 그것을 보며 엄마는 아이들을 칭찬해주고, 아빠나 다른 가족에게 자랑해서 아이의 자긍심을 한껏 높여주면 된다.

글쓰기는 무작정 한다고 되는 것이 아니다. 쓸 거리가 있어야 한다. 쓸 것, 쓰고 싶은 것이 머릿속에 차곡차곡 쌓여 있어야 한다. 보고, 듣고, 경험하고, 읽고, 상상하면서 자연스럽게. 그릇에 물이 가득 차면 흘러넘치듯, 글쓰기도 쓸 거리가 차고 넘치면 종이 위로 자연스레 흘러넘치게 마련이다. 글을 쓰기 위해선 충분한 시간이 필요하다. 머릿속에서 오락가락하는 생각 중에서 글감을 뽑아내고, 그 글감을 어떤 식으로 풀어갈지 고민도 해야 한다. 필요한 자료들도 찾아보고, 대략적인 얼개도 짜봐야 한다. 그런 식으로 초벌 작업을 한 다음에야 본격적으로 글을 쓸 수 있다.

이렇게 한 편의 글을 써내기 위해선 시간이 많이 필요한데도 엄마들은 좀처럼 기다려주지 않는다. 빨리 대충 마무리하고 다음 스케줄대로 움직이길 바란다. 그러니 아이들이 제 생각을 제대로 길게 쓸 수도 없고 정성 들여 쓸 수도 없다. 그저 내용도 없는 글을 대충 휘갈겨 쓰고 마는 것이다.

글쓰기는 부단한 연습이 필요하다. 누에고치에서 실이 술술 풀리듯 글이 술술 잘 써질 때까지 아이들도 어려서부터 자신의 생각을 자꾸 써보는 것이 중요하다. 아이들이 글을 잘 쓰기를 바란다면 아이들에게 충분한 시간을 줘야 한다. 엄마가 매의 눈으로 감시하며 곁에 지키고 서 있지 말고 자유로운 분위기에서 맘껏 생각을 드러낼 수 있도록 분위기를 만들어주는 것이 더 중요하다. 이보다 더 좋은 방법은 아이들에게만 글을 쓰라고 하지 말고 엄마도 아이들 곁에 앉아 함께 뭔가를 써보는 것이다. 일기든 편지든 시든 무엇이든 좋다. 감성이 메말라 아무것도 생각나지 않는다면 성경이든 불경이든 뭐라도 필사해보자. 엄마가 늘 무엇인가 쓰는 모습을 보이면 아이들도 자연스레 따라 쓰게 된다.

네가 있기에
엄마는 힘을 내며 살 수 있는 거란다

오랫동안 부채 의식에 시달렸다. 친정 엄마와 세 명의 언니 덕에 아무 걱정 없이 대학까지 졸업해놓고, 큰아이 출산에 맞춰 전업주부가 되고 나니 내 자신이 초라하게 느껴지고 친정 식구들에게 미안했다. 그래도 다행히 내가 아이를 키우던 시대는 여자들이 아이를 낳으면 대부분 가정에 들어앉던 때라 그나마 시대를 핑계 삼아 마음속 부채를 조금은 줄일 수 있었다. 하지만 전업주부로 사는 20여 년 내내 마음속 깊은 곳에서는 그냥 엄마로만 살기 싫다는 오기 비슷한 감정이 뿌리 깊게 박혀 있었다. 그 감정이 나를 지탱해주었다. 내가 어려서부터 꿈꾸던 일, 재능이 있든 없든 행복하게 몰입할 수 있는 그 일을 끝까지 놓고 싶지 않았다. 그것은 나에게 등불이고 나침반이었다. 다른 곳을 기웃거리다가도 다시 제자리를 찾아 돌아오게 만드는 힘, 나의 오랜 꿈. 출판사 편집자와 첫 미팅을 할 때였다. 이런저런 얘기 끝에 그녀가 물었다.

"책을 왜 지금 내시려고 하는 거예요?"

나는 잠시 생각해봤다. 왜 하필 지금, 책을 내려는 것일까.

사실 책이야 아무 때나 낼 수도 있었다. 드라마, 소설, 동화, 수필 등 그동안 써놓은 것들이 제법 되기에. 내 만족을 위해서라면 언제고 자비출판으로도 가능한 일이었다. 나는 입을 열었다.

"아이들에게 보여주고 싶었어요. 너희가 노력하는 것만큼, 엄마도 노력하고 있다는 것을요. 너희가 꿈을 향해 나아가듯 엄마도 엄마의 꿈을 향해 한 발 한 발 나아가고 있다는 것을요. 그래서 마침내 그 꿈이 어떻게 결실을 맺는지를 보여주고 싶었어요."

나는 말을 멈췄다. 두 아들과 함께해온 20여 년의 세월이 한 장의 사진처럼 압축되어 눈앞에 나타났다. 행복과 고통이 수없이 교차하던 시간들. 아이들에 대한 애정과 내 꿈 사이에서 아슬아슬하게 줄타기를 하며 번민하던 나날들. 그러면서도 그 세월을 꿋꿋이 견딜 수 있게 해준 것은 아이들에 대한 믿음이었다. 부모의 믿음 속에서 아이들은 실패를 경험해가며 세상 속에 든든한 뿌리를 내린다는 믿음. 그런 아이들이 피워낸 꽃이 더 아름답고 향기롭다는 믿음. 어린 아들을 둔 엄마이기도 한 그녀가 고개를 끄덕였다. 나는 그녀의 눈빛에서 마음을 읽을 수 있었다. 왜냐하면 우리 모두는 아이와 나 사이에서 끝없이 번민하는 엄마들이기 때문이다. 이 길이 맞는지, 아니면 저 길이 맞는지 수없이 질문을 던지는 사람들이기 때문이다.

수많은 전문가들이 육아서를 내놓고, 수많은 경험자들이 자기 길이 옳다고 외쳐대도 부모들은 여전히 안개 속을 헤매고 있다. 정보가 많아질수록 불안은 증폭되고 홀로 헤쳐나가야 하는 길은 힘겹고 외롭기만 하다. 아무

곳에도 등대는 없다. 아무 곳에도 손 내밀어주는 키다리 아저씨는 존재하지 않는다. 곳곳이 암초며 가시덤불일 뿐이다. 모든 것을 자기 혼자서 헤치고 나가야 한다. 스스로를 믿으며 한 걸음씩 앞으로 내디뎌야만 한다. 자기만의 나침반을 들고서. 자기만의 항해 지도를 그려나가면서.

인생은 선택의 연속이다. 이 답이 맞는지 틀린지, 이 선택이 맞는지 아닌지, 이 사람과 결혼해야 할지 말아야 할지, 일을 계속할지 그만둘지, 아이를 친정에 맡길지 남의 손에 맡길지, 아이의 꿈을 지지해줘야 할지 말지… 선택의 갈림길에 서면 누구나 흔들린다. 고민에 고민을 거듭하다 누군가에게 조언을 청한다. 부모, 친구, 선배, 멘토… 하지만 그들이 해주는 것은 단지 조언일 뿐, 결국 선택은 항상 자기 몫이다. 그 선택이 잘됐든 잘못됐든 일단 선택했으면 그 길로 꿋꿋이 걸어나가야 한다. 자책할 것도 없고, 남과 비교하지도 말고, 남의 길을 부러워할 것도 없이 끝까지 가볼 일이다. 하지만 대부분의 사람들은 선택하는 순간 갈팡질팡하며 다시 고민에 빠진다. 이게 잘한 선택인가. 다른 길로 가야 하지 않나. 그러면서 그 자리에서 미적거리고 후회하고 억울해하고 그 마음을 타인에게로 돌린다. 다 너 때문이라고.

내가 아는 어떤 젊은 엄마는 우울증에 걸려 병원 치료를 받고 있다. 아이를 낳기 전에는, 아니 아이를 낳은 후 몇 년 동안 그녀는 잘나가는 커리어우먼이었다. 양가 부모님의 도움을 받지 않고도 세 살 된 딸과 여섯 살 아들을 잘 키워내며 씩씩하게 직장에 다녔다. 하지만 아들이 유치원에서 문제를 일으키는 횟수가 잦아지자 그녀의 당찬 용기도 서서히 사그라져 직장을 그만 둬야 하지 않나 하는 심각한 고민에 빠졌다.

나는 그녀에게 딱 잘라서 뭐가 옳다고 말해줄 수 없었다. 보통 여자들도 전업주부로 산다는 것이 쉽지 않은데 전문직 여성이 자신의 커리어를 포기한 채 전업주부의 삶을 선택한다는 것이 어떤 결과를 초래할지 눈에 선했기 때문이다. 물론 육아가 적성에 맞아 아이와 행복하게 지낼 수도 있고, 아이를 키우며 자신의 커리어를 유지할 수도 있을 것이다. 파트타임으로 일할 수도 있고 재택근무를 할 수도 있을 테니까. 하지만 살림과 육아를 병행하며 일을 한다는 것이 말처럼 쉽지만은 않다. 아이가 어느 정도 자라면 직장으로 돌아가야지 하는 각오를 수없이 한다 해도 돌아갈 타이밍을 맞추기도 어렵고, 몇 년 후에 돌아갈 자리가 있다는 보장도 없으니 말이다. 그래서 섣불리 결정하기 전에 며칠이라도 치열하게 자신의 내면을 들여다보며 고민해보라고 말해줬다. 자신이 정말 원하는 일이 무엇인지를 더 고민해보라고.

그녀는 고민 끝에 결국 다니던 직장을 그만뒀다. 아이들이 초등학교를 졸업할 때까지만 자기 손으로 키우겠다고 다짐을 불태웠다. 그녀는 자신의 선택을 후회하지 않기 위해 아이들에게 온 정성을 쏟았다. 특히 천방지축인 아들의 버릇을 고치려고 아들을 엄하게 단속했고, 잠시도 가만히 있지 않는 아들을 책상머리에 앉혀두기 위해 무진 애를 썼다. 하지만 이상하게도 엄마가 애쓰는 것에 비례해 아들은 점점 더 손을 쓸 수 없는 지경까지 이르렀다. 엄마 말은 한마디도 들으려 하지 않고 제 고집대로만 행동했다. 친구들과의 사이는 더 나빠지고 집에서는 동생을 괴롭히고 엄마에게 고함을 질러댔다. 그녀는 그런 아들을 몹시 미워했다. 저를 위해 꿈까지 포기하며 희생하는데 그것도 몰라주는 아들 녀석이 너무 미워 매를 드는 횟수도 잦아졌다. 아들과 엄마의 관계는 점점 더 나빠졌고, 그녀는 자신이 아들을 잘못 키우고 있다는 불안감과 죄책감, 실망감과 좌절감이 증폭되어 결국 우울증을 앓게 되었다.

그녀가 육아에서 간과한 가장 큰 문제점은 자식을 사랑으로 대하기보다는 짐스러운 의무로만 생각했다는 점이다. 아이 때문에 자기 인생을 희생한다는 의식이 기저에 깔려 있기에 그 희생에 대한 보상심리로 아들을 자기가 원하는 방향으로 끌고 가려 했다. 자신이 만들어놓은 틀 속에 아들을 가둔 채 그 틀에 맞추라고 강요하니, 아들은 더욱 강하게 엄마를 거부한 것이다.

아이들은 영민하다. 부모가 자신을 사랑하는지, 자기 때문에 힘들어하는지 금세 알아채고 사랑과 관심을 얻기 위해 필사적으로 말썽을 부린다. 아이든 어른이든 사랑하는 사람에게 인정받기를 원한다. 그런데 부모가 아이를 인정해주지 않고 곱지 않은 시선으로만 바라볼 때 아이가 할 수 있는 일이 대체 무엇일까. 말썽을 부리거나, 애어른처럼 너무 일찍 철이 들어버리거나 하는 바람직하지 않은 두 가지 양상으로 아이는 부모의 사랑을 갈구할 수밖에 없다. 엄마의 사랑을 갈구하는 아이가 잘못된 것이 아니라, 사랑이 아닌 것을 사랑이라고 여겨 사랑을 주고 있다고 착각하는 엄마가 문제인 것이다.

그녀는 병원 치료를 받으면서 그 점을 깨달았다. 아이가 문제가 아니라 자신이 문제였다는 것을. 아이를 있는 그대로 사랑해주지 못하고 자신이 놓아버린 꿈의 대가로 아이를 괴롭히고 있었다는 것을. 그리고 아이들에게 아빠가 중요하다는 것도 깨달았다. 그동안 남편 도움 없이도 모든 것을 잘해

낼 수 있다는 슈퍼우먼 콤플렉스에 빠져 남편을 아빠 역할에서 제외시켰다
는 것을, 아이들과 함께하는 소중한 경험을 아빠도 같이 할 수 있도록 가정
에 아빠 자리를 마련해줘야 한다는 것을, 그것이 온 가족이 행복해지는 비
결이라는 것을 이제야 깨달은 것이다. 나는 그녀가 잘해나가리라 믿는다.
문제점을 파악했다는 것은 해결책도 알고 있음을 의미하기에.

　밤이 물러가고 새벽이 오고 있다. 내가 제일 사랑하는 시간이다. 창밖으
로 어슴푸레 보이는 풍경이 좋다. 바라보는 것도 좋지만 내 두 발로 이슬 맺
힌 풀밭을 거니는 것을 더 좋아한다. 그 길 위에서 나는 꿈과 대화를 나눈다.
꿈을 잃어버리지 않기 위해 계속 꿈을 불러낸다. 이슬에 젖은 발로 아이 방
으로 간다. 아이는 잠들어 있다. 흐트러진 머리카락, 볼에 난 여드름 자국,
이불 밖으로 나와 있는 기다란 팔과 다리. 아이가 미소를 짓는다. 아이가 이
마를 찡그린다. 아이는 지금 꿈을 꾸고 있나보다. 꿈속에서 꿈을 찾아 헤매
고 있나보다. 보일락 말락 숨바꼭질하는 꿈이 아이를 웃게 하고 울게 하나
보다.
　아이야. 꿈이란 바란다고 바로 잡히는 것도 아니고 찾는다고 바로 찾아
지는 것도 아니란다. 네가 선택한 길을 너의 두 발로 계속 걸어가야만 만날
수 있는 것이란다. 그 길은 너만이 갈 수 있는 길이야. 부모도, 형제도, 친구
도 너와 끝까지 함께하지는 못해. 너 혼자서 묵묵히 걸어가야만 하지. 가다
보면 모래 언덕도 만나고 비바람도 몰아치고 눈보라도 휘몰아칠 거야. 그래

도 네 의지를 믿고 계속 가야만 해.

그렇게 계속 나아가다보면 언젠가는 오아시스도 만나고 꽃들이 우거진 아름다운 곳도 만나게 되지. 그곳이 아마 네 꿈길이 끝나는 곳일 거야. 아니다. 꿈이란 또 다른 꿈을 낳는 것이니 그 길을 지나 다른 길을 개척하러 갈지도 모르겠구나. 삶이란 그런 것이거든. 머물러 있는 것이 아니라 계속 어딘가로 흘러가는 것. 한 발짝 한 발짝 계속 앞으로 나아가는 것. 과거로 되돌아갈 수는 없는 일이니까. 그러니 최선을 다해 묵묵히 걸어가는 수밖에 없구나. 너나, 엄마나. 길은 다 통하는 법이니 언젠가 어디선가 우리 만나게 되겠지? 아이야, 사랑한다. 너희가 있었기에 엄마가 힘을 내며 살 수 있었구나. 너희가 있었기에 부족한 나를 이기고 비로소 어른이 되었구나. 고맙다…